農業簿記検定問題集

1級（管理会計編）

大原出版

はじめに

わが国の農業は、これまで家業としての農業が主流で、簿記記帳も税務申告を目的とするものでした。しかしながら、農業従事者の高齢化や耕作放棄地の拡大など、わが国農業の課題が浮き彫りになるなか、農業経営の変革が求められています。一方、農業に経営として取り組む農業者も徐々に増えてきており、農業経営の法人化や６次産業化が着実にすすみつつあります。

当協会は、わが国の農業経営の発展に寄与することを目的として平成５年８月に任意組織として発足し、平成22年４月に一般社団法人へ組織変更いたしました。これまで、当協会では農業経営における税務問題などに対応できる専門コンサルタントの育成に取り組むとともに、その事業のひとつとして農業簿記検定に取り組んできており、このたびその教科書として本書を作成いたしました。

本来、簿記記帳は税務申告のためにだけあるのではなく、記帳で得られる情報を経営判断に活用することが大切です。記帳の結果、作成される貸借対照表や損益計算書などの財務諸表から問題点を把握し、農業経営の発展のカギを見つけることがこれからの農業経営にとって重要となります。

本書が、農業経営の発展の礎となる農業簿記の普及に寄与するとともに、広く農業を支援する方々の農業への理解の一助となれば幸いです。

一般社団法人 全国農業経営コンサルタント協会
会長　森　剛一

●本書の利用にあたって●

本問題集は、姉妹編の「農業簿記検定教科書１級管理会計編」に準拠した問題集です。教科書の学習された進度にあわせてご利用下さい。目次の問題番号に教科書の該当ページが記載されておりますので、当該教科書のページの学習が終わられました際にご解答下さい。

問題１－１（教科書Ｐ.32）固変分解①

⇒　教科書Ｐ.32までの学習で解答が可能となります。

農業簿記検定の突破のためには、教科書を読んで理解することはもとより、実際に問題集をご解答いただき、復習を行っていただくことが必要です。何度も繰り返しご解答いただくことで検定試験突破に必要な学力を身につけることが可能となります。

農業簿記検定問題集
１級（管理会計編）

目　次

問　題　編

第１章　短期利益計画のための管理会計

問題１－１　固変分解①

⇒ 解答Ｐ.54

次の〔資料〕に基づき、勘定科目精査法によって原価分解を実施した場合の10ａ当たり変動費率と固定費額を答えなさい。

〔資料〕

1．当農園の肥料費は作付面積に比例して増減する原価であることが認識された。当期の肥料費は800,000円であった。

2．当農園の作業員に対する労務費はすべて作付面積に比例して増減する原価であることが認識された。当期の労務費は900,000円であった。

3．農業機械減価償却費は年間1,000,000円である。この農業機械減価償却費は作付面積に関係なく毎期一定額発生する原価である。

4．電力料は、基本使用料金と作付面積に応じて変動する原価に分類されることになる。当期の電力料総額は1,100,000円であり、そのうち年間基本使用料金は300,000円であった。

5．農具費は年間400,000円発生するものであり、作付面積に関係なく毎期一定額発生するものである。

6．当期の作付面積は200ａであった。

〔答案用紙〕

変動費率	円/10ａ	固定費額	円

問題１－２　固変分解②

⇒ 解答Ｐ.54

当社は従来、製造間接費予算を固定予算として設定していたが、製造間接費の管理をより有効に行うため、来期より製造間接費予算を公式法変動予算に変更することにした。次の〔資料〕に基づき、最小自乗法及び高低点法に基づく１ａ当たり変動費率及び月間固定費額を算定しなさい。なお、金額は意図的に小さくしている。

〔資料〕

	作付面積（ａ）	原　価（円）
８月	1,800	2,750,000
９月	3,000	3,248,000
10月	3,300	3,387,500
11月	2,400	3,029,125
12月	2,800	3,176,500
１月	2,000	2,834,875

〔答案用紙〕

最小自乗法

変動費率　［　　　　　円／ａ］　固定費額　［　　　　　円］

高低点法

変動費率　［　　　　　円／ａ］　固定費額　［　　　　　円］

問題１－３　ＣＶＰ分析－(1)　損益分岐点などの算定

⇒ 解答Ｐ.55

次の〔**資料**〕に基づき、以下の諸問に答えなさい。なお、最大の耕作面積は2,000ａである。１ａの耕作面積から60kgが収穫される。

〔**資料**〕

変動益単価	10,000円/ａ（60kg）
単位当たり変動費	3,000円/ａ（60kg）
年間固定費	3,500,000円
予想販売量	60,000kg

問１　限界利益率を答えなさい。

問２　予想販売量に基づいて、次期の限界利益と営業利益を答えなさい。

問３　損益分岐点変動益とそのときの販売量（kg）を答えなさい。

問４　損益分岐図表を作成しなさい。

〔**答案用紙**〕

問１	限界利益率	％
問２	限界利益	円
	営業利益	円
問３	損益分岐点変動益	円
	損益分岐点販売量	kg

問４

問題１－４　ＣＶＰ分析－(2)　利益構造の分析

⇒ 解答Ｐ.57

次の〔資料〕に基づき、以下の諸問に答えなさい。

〔資料〕

変動益	600万円（＝10,000円/ａ×600ａ）
変動費	480万円
限界利益	120万円
固定費	100万円
営業利益	20万円

問１　損益分岐点変動益（ＢＥＳ）を求めなさい。

問２　以下のそれぞれの場合について、営業利益の金額及び損益分岐点変動益を求めなさい。なお、端数が生じた場合には、千円以下を四捨五入すること。

① 変動費を500円/ａ引き下げた場合

② 固定費を200,000円引き下げた場合

③ 販売価格を2,500円/ａ引き上げた場合

④ 生産面積を５％引き上げた場合

〔答案用紙〕

問１　損益分岐点変動益　　万円

問２

①	営業利益	万円	損益分岐点変動益	万円
②	営業利益	万円	損益分岐点変動益	万円
③	営業利益	万円	損益分岐点変動益	万円
④	営業利益	万円	損益分岐点変動益	万円

問題１－５　ＣＶＰ分析－(3)　各種指標の算定

⇒ 解答Ｐ.58

次の〔資料〕に基づき、以下の諸問に答えなさい。

〔資料〕

Ⅰ　製造に関する資料

耕地１㎡当たり変動費	430円/㎡
固定製造間接費	1,200,000円

Ⅱ　販売に関する資料

１㎡当たり販売収入	1,000円/㎡
予定耕地面積	4,000㎡
変動販売費	50円/㎡
固定販売費	204,000円

問１　安全余裕額、安全余裕率及び損益分岐点比率を求めなさい。

問２　営業利益率が13％のときの安全余裕率を求めなさい。

問３　希望営業利益936,000円を達成するために必要な変動益と耕地面積を求めなさい。
また、このときの経営レバレッジ係数と安全余裕率を求めなさい。

〔答案用紙〕

問１	安全余裕額	円		
	安全余裕率	％	損益分岐点比率	％
問２	安全余裕率	％		
問３	目標営業利益達成変動益	円	目標営業利益達成耕地面積	㎡
	経営レバレッジ係数		安全余裕率	％

問題１－６　ＣＶＰ分析－(4)　限界利益図表の作成①（製品が１種類の場合）

⇒ 解答Ｐ.59

次の〔資料〕に基づき、以下の諸問に答えなさい。

〔資料〕

Ⅰ　製造に関する資料

耕地１㎡当たり変動費	430円/㎡
固定製造間接費	1,200,000円

Ⅱ　販売に関する資料

１㎡当たり販売収入	1,000円/㎡
予定販売数量	4,000㎡
変動販売費	50円/㎡
固定販売費	204,000円

問１　損益分岐点変動益及び損益分岐点耕地面積を求めなさい。

問２　損益分岐点図表を作成しなさい。

問３　限界利益図表を作成しなさい。

〔答案用紙〕

問１　損益分岐点変動益　［　　　　円］　損益分岐点耕地面積　［　　　　㎡］

問２

0

問３

0

問題１－７　ＣＶＰ分析－⑸　限界利益図表の作成②（製品が２種類以上の場合）

⇒ 解答Ｐ.60

次の〔**資料**〕に基づき、以下の諸問に答えなさい。なお、解答上端数が生じる場合、金額は円位未満を、％は小数点以下を四捨五入すること。

〔**資料**〕　セグメント別予算損益計算書（単位：円）

	A作物	B作物	C作物	合　計
Ⅰ　変　動　益	10,000,000	6,000,000	4,000,000	20,000,000
Ⅱ　変　動　費	4,500,000	3,900,000	2,000,000	10,400,000
限 界 利 益	5,500,000	2,100,000	2,000,000	9,600,000
Ⅲ　固　定　費				8,640,000
営 業 利 益				960,000

問１　単一作物とみなした場合の損益分岐点変動益を算定しなさい。

問２　作目種類別限界利益図表を作成しなさい。

問３　変動益の構成比率を一定とした場合、目標利益3,000,000円を達成するために必要な変動益を作目別に算定しなさい。

問４　**問３**と同様の目標利益を最も早く達成する総変動益を求めなさい。ただし、A作物の市場は固定しており、当初の計画以上の販売は望めないが、他の作物については、変動益構成比率を変えることができる。

〔**答案用紙**〕

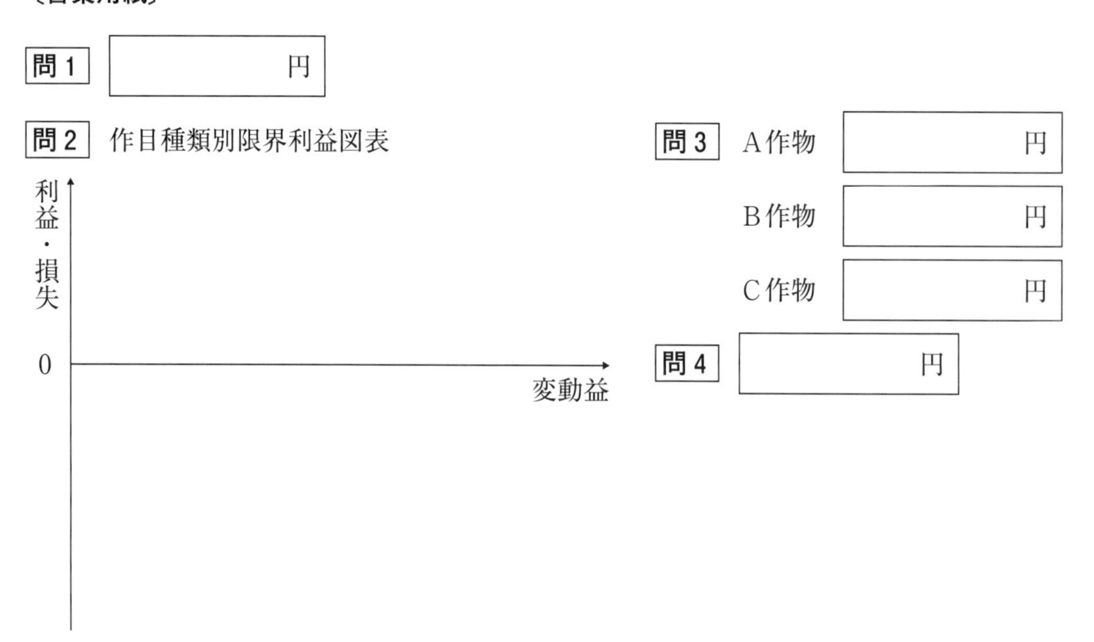

問題１－８　ＣＶＰ分析－(6)　損益分岐点の算定（製品が２種類以上の場合）

⇒ 解答Ｐ.62

次の〔資料〕に基づき、以下の諸問に答えなさい。

〔資料〕

1．各作物の変動益

A作物　8,000円/㎡　B作物　13,000円/㎡

2．各作物の変動費

A作物　4,520円/㎡　B作物　5,720円/㎡

3．固定費額　31,525,000円

問１　各作物の変動益の構成割合をＡ：Ｂ＝３：２とした場合、損益分岐点変動益を算定しなさい。また、その際の各作物の耕地面積を算定しなさい。

問２　各作物の耕地面積の構成割合をＡ：Ｂ＝３：２とした場合、損益分岐点変動益を算定しなさい。また、その際の各作物の耕地面積を算定しなさい。

〔答案用紙〕

問１　［　　　　円］

A作物［　　　　㎡］　B作物［　　　　㎡］

問２　［　　　　円］

A作物［　　　　㎡］　B作物［　　　　㎡］

問題１－９　ＣＶＰ分析－(7)　利益計画図表の作成

⇒ 解答Ｐ.63

次の〔資料〕に基づき、以下の諸問に答えなさい。

〔資料〕

Ⅰ　製造に関する資料

１㎡当たり変動費	430円/㎡
固定製造間接費	1,200,000円

Ⅱ　販売に関する資料

１㎡当たり変動益	1,000円/㎡
予定耕地面積	4,000㎡
変動販売費	50円/㎡
固定販売費	204,000円

問１　目標営業利益率25％を達成するために必要な変動益と耕地面積を求めなさい。

問２　目標営業利益率が25％の場合における利益計画図表を作成しなさい。

問３　目標営業利益額1,196,000円を達成するために必要な変動益と耕地面積を求めなさい。

問４　目標営業利益額が1,196,000円の場合における利益計画図表を作成しなさい。

〔答案用紙〕

問1

目標営業利益率達成変動益　［　　　　　］円

目標営業利益率達成耕地面積　［　　　　　］㎡

問2

問3

目標営業利益額達成変動益　［　　　　　］円

目標営業利益額達成耕地面積　［　　　　　］㎡

問4

0

問題1－10　ＣＶＰＣ分析

⇒ 解答Ｐ.64

次の〔資料〕に基づき、以下の諸問に答えなさい。

〔資料〕

総資本	11,190千円	現在の変動益	14,200千円
目標資本利益率	10%	固定費	3,307千円
固定的資本	6,930千円	変動費率	72%

問１　資本回収点変動益を求めなさい。

問２　目標資本利益率達成変動益を求めなさい。また、このときの資本回転率と変動益営業利益率を算定しなさい。

ただし、計算上端数が生じる場合は、資本回転率は小数点以下第4位を、変動益営業利益率は％未満第4位をそれぞれ四捨五入すること。

〔答案用紙〕

問１	資本回収点変動益	円
問２	目標資本利益率達成変動益	円
	資本回転率	回転
	変動益利益率	%

第２章　直接原価計算

問題２－１　損益計算書の作成

⇒ 解答P.66

次の〔**資料**〕に基づき、直接原価計算による損益計算書を作成しなさい。

〔**資料**〕

1．家畜１頭当たりの販売価格　　1,500円/頭

2．家畜１頭当たりの変動費

素　畜　費：400円/頭　　直接労務費：100円/頭

製造間接費：　50円/頭　　販　売　費：　50円/頭

3．年間固定費

製造間接費：250,000円　　販　管　費：150,000円

4．販売データ

期首製品	20頭
当期完成品	495頭
計	515頭
期末製品	15頭
当期販売量	500頭

5．その他のデータ

当期において、仕掛品は一切存在しない。

〔**答案用紙**〕

損　益　計　算　書　　(単位：円)

Ⅰ　変動益		
Ⅱ　変動売上原価		
1　期首製品棚卸高		
2　当期製品製造原価		
計		
3　期末製品棚卸高		
製造マージン		
Ⅲ　変動販売費		
限界利益		
Ⅳ　固定費		
1　製造原価		
2　販管費		
営業利益		

問題２－２　固定費調整（実際全部原価計算と実際直接原価計算）

⇒ 解答Ｐ.67

畜産農業を営む当社の〔**資料**〕に基づき、全部原価計算方式および直接原価計算方式によった場合の損益計算書を作成しなさい。また、転がし調整法によって固定費調整も行いなさい。なお、期末仕掛品原価の計算方法は先入先出法による。

〔**資料**〕

１．生産・販売データ

期首仕掛品	160頭	期首製品	0頭
当期投入	360頭	当期完成品	340頭
合計	520頭	合計	340頭
期末仕掛品	180頭	期末製品	0頭
当期完成品	340頭	当期販売品	340頭

完成品の家畜の飼育日数は150日であった。期首仕掛品となった家畜は90日の飼育日数が経過しており、期末仕掛品となった家畜は100日の飼育日数が経過している。また、期末仕掛品となった家畜の素畜費は、3,240,000円であった。

２．製造原価データ

	期首仕掛品原価	当期製造費用
素畜費	3,040,000円	6,480,000円
変動加工費	720,000円	2,784,600円
固定加工費	633,600円	2,375,100円

３．販売費及び一般管理費

販売費　2,450,000円（すべて固定費である）
一般管理費　1,775,000円（すべて固定費である）

４．１頭当たりの販売価格は48,000円であった。

〔**答案用紙**〕（単位：円）

全部原価計算方式の損益計算書

Ⅰ　売上高		（　　）
Ⅱ　売上原価		
1．期首製品棚卸高	（　　）	
2．当期製品製造原価	（　　）	
合計	（　　）	
3．期末製品棚卸高	（　　）	（　　）
売上総利益		（　　）
Ⅲ　販売費及び一般管理費		
1．販売費	（　　）	
2．一般管理費	（　　）	（　　）
営業利益		（　　）

直接原価計算方式の損益計算書

Ⅰ　売上高		（　　）
Ⅱ　変動売上原価		
1．期首製品棚卸高	（　　）	
2．当期製品製造原価	（　　）	
合計	（　　）	
3．期末製品棚卸高	（　　）	（　　）
限界利益		（　　）
Ⅲ　固定費		
1．固定費	（　　）	
2．販売費	（　　）	
3．一般管理費	（　　）	（　　）
営業利益		（　　）

固定費調整の実施

営業利益（直接原価計算）		（　　）
Ⅳ．固定費調整		
期末棚卸資産固定加工費	（　　）	
期首棚卸資産固定加工費	（　　）	（　　）
営業利益（全部原価計算）		（　　）

問題２－３　セグメント別損益計算書の作成

⇒ 解答Ｐ.69

次の〔資料〕に基づき、各作目別の損益計算書（直接原価計算方式）を作成しなさい。

〔資料〕

	X 作 目	Y 作 目
1㎡当たり販売価格	6,000円	4,000円
作付面積	8,000㎡	9,000㎡
1㎡当たり変動費		
直接材料費	2,400円	1,280円
直接労務費	720円	480円
直接経費	180円	60円
製造間接費配賦額	直接労務費の150%	直接労務費の150%
販売費	350円	120円
個別固定費	3,500,000円	3,000,000円
共通固定費		
製造費	5,000,000円	
販売費	2,000,000円	
一般管理費	3,000,000円	

〔答案用紙〕

損益計算書　（単位：円）

	X 作 目	Y 作 目	合 計
Ⅰ 変動益			
Ⅱ 変動売上原価			
製造マージン			
Ⅲ 変動販売費			
限界利益			
Ⅳ 個別固定費			
作目別利益（セグメント・マージン）			
Ⅴ 共通固定費			
1．製造費			
2．販売費			
3．一般管理費			
営業利益			

第３章　意思決定会計

問題３－１　機会原価

⇒ 解答P.70

大原農園では、現有設備をＡ案、Ｂ案、Ｃ案のいずれに利用するか検討中である。そこで、以下の資料に基づいて設問に答えなさい。

〔資料〕

１．現有設備をＡ案、Ｂ案、Ｃ案に利用したときの収益はそれぞれ1,000万円、1,500万円、1,300万円と見積もられる。

２．現有設備をＡ案、Ｂ案、Ｃ案に利用したときの費用はそれぞれ700万円、1,000万円、900万円と見積もられる。

問　それぞれの案の機会原価を算定した上で、どの代替案が最も有利かを答えなさい。なお、機会原価とは、特定の代替案を選択した結果として失うこととなった機会から得られたであろう最大の利益額のことである。

〔答案用紙〕

Ａ案の機会原価　（　　　　　）万円

Ｂ案の機会原価　（　　　　　）万円

Ｃ案の機会原価　（　　　　　）万円

したがって、（　　）案が最も有利である。

問題３－２　プロダクト・ミックス

⇒ 解答P.71

農業を営む当社は、作物Aと作物Bの最適な作付面積をリニア・プログラミング（線形計画法）によって算出することを目指している。経営耕地は10ha（1,000ａ）であり、５月と９月の労働時間に制約が存在している。５月の労働可能時間は4,000時間、９月の労働可能時間は10,400時間であった。解答上端数が生じる場合には、ａ未満を四捨五入しなさい。金額については千円未満を四捨五入しなさい。

〔資料〕

	作物A	作物B
変動益	300千円	400千円
変動費	180千円	160千円
10ａ当たり貢献利益	120千円	240千円
５月必要労働時間	50時間	40時間
９月必要労働時間	100時間	120時間

上記の資料に基づいて、最適プロダクト・ミックスの算定に必要な、目的関数、制約条件、非負条件の設定を行い、最適な作付面積の組合せとそのときの貢献利益を答えなさい。ただし、Z：貢献利益、A：作物Aの作付面積（10ａ単位）、B：作物Bの作付面積（10ａ単位）とする。なお、目的関数、制約条件、非負条件を答える際のA、Bは10ａ単位であるが、最適解はａ単位で解答すること。

〔答案用紙〕

作物A	ａ	作物B	ａ	貢献利益	千円

目的関数

制約条件

非負条件

問題３－３　セグメントの継続か廃止かの意思決定

⇒ 解答Ｐ.72

大原農園では、Ａ作物セグメントの業績が不振であった。そこで、次期以降もこのＡ作物セグメントを存続させるかどうかの検討を行うことになった。そこで、以下の〔**資料**〕をもとに、Ａ作物セグメントを存続させるか、それとも廃止させるかの意思決定を行いなさい。

〔**資料**〕

1．次期のＡ作物見積損益計算書

	Ａ作物
変　動　益	20,000,000円
売 上 原 価	15,000,000円
売上総利益	5,000,000円
販　管　費	8,000,000円
営 業 利 益	－3,000,000円

2．売上原価の30％、販管費の90％が固定費である。

3．固定販管費の25％は共通費の配賦分である。それ以外の固定費はＡ作物の個別固定費である。

4．個別固定費のうち20％は節約不能である。

〔**答案用紙**〕（不要な語句を二重線で消去しなさい）

{継続／廃止} する方が（　　　　　）円有利なので {継続／廃止} すべきである。

問題３－４　受注可否の意思決定

⇒ 解答Ｐ.73

大原農園では、年間5,000kgのトマトを生産販売できる規模を有している。現在4,000kgのトマトを生産販売している。

従来取引のなかった東京都内の飲食店から年間500kgのトマトの注文があった。以下の資料に基づいて、新規の注文に応じるべきか否かを答えなさい。

〔資料〕

１．既存のトマトの生産販売に関する資料

(1)　既存のトマトの販売価格は１kg当たり1,200円であった。

(2)　トマトの生産販売にかかる変動費は１kg当たり300円であった。

(3)　トマトの生産販売にかかる固定費は年間2,500,000円であった。

２．新規注文の生産販売に関する資料

(1)　新規の注文は１kg当たり1,000円での注文であった。

(2)　新規注文の取引はクローズで行われるため、販売価格が通常の販売に影響することはない。

〔答案用紙〕（不要な語句には二重線で消去せよ）

（　　　　　　）円有利なため、新規注文を受ける（　べきである　・　べきではない　）。

問題３－５　追加加工の可否の意思決定(1)

⇒ 解答P.73

大原農園では３種類の農産物甲、乙、丙を生産している。現在は収穫後そのまま市場に出荷しているが、６次産業化を図り農産物の加工を行うことによって従来よりも高い価格で販売することが可能となる。そこで以下の〔**資料**〕に基づいて、追加の加工を行ったほうが良い農産物を答えなさい。

〔**資料**〕

	生産量	そのままの販売価格	追加加工後の販売価格	追加加工費
農産物甲	1,000kg	1,500円/kg	2,000円/kg	250,000円
農産物乙	200kg	2,000円/kg	2,200円/kg	100,000円
農産物丙	500kg	800円/kg	1,000円/kg	90,000円

三つの農産物で共通に発生する原価は7,200,000円であった。

〔**答案用紙**〕

農産物［　　　　　］は追加加工を行うべきである。

問題３－６　追加加工の可否の意思決定(2)

⇒ 解答Ｐ.74

当社は、連産品である畜産物Ａ・Ｂを製造し、これらに追加加工を施し、畜産物Ａ・Ｂとして販売している。以下の〔資料〕に基づいて、諸問に答えなさい。

〔資料〕

１．各畜産物の生産・販売量、変動益及び追加加工費の見積額

畜産物	生産・販売量	変　動　益	追加加工費
Ａ	6,000kg	3,600千円	940千円
Ｂ	10,000kg	5,000千円	1,450千円

２．畜産物Ａ・Ｂの結合原価は5,117,040円である。

３．畜産物の追加加工にあたって、歩減等は一切発生しない。

４．結合原価は、正常市価に基づいて各連産品に按分する。

問１　畜産物に追加加工を行って販売するときの畜産物別損益計算書を作成しなさい。

問２　畜産物Ａ・Ｂは、追加加工をせずに連産品のまま外部に販売することもできる。それぞれの販売価格は、畜産物Ａが430円/kg、畜産物Ｂが360円/kgである。追加加工をせずに販売するときの畜産物別損益計算書を作成しなさい。

問３　当社が最大の利益をあげるためには、どのような方針によるべきであるか答えなさい。ただし、分離点以降発生する追加加工費は、加工しない場合にすべてその発生を回避することができる。なお、不要な語句は、二重線で削除しなさい。

〔答案用紙〕

問１　畜産物別損益計算書（単位：円）

	畜産物Ａ	畜産物Ｂ
変動益		
売上原価		
利益		

問２　畜産物別損益計算書（単位：円）

	畜産物Ａ	畜産物Ｂ
変動益		
売上原価		
利益		

問３　畜産物Ａは、(　追加加工の上　・　追加加工をせず　)販売し、

畜産物Ｂは、(　追加加工の上　・　追加加工をせず　)販売するべきである。

このときの利益は＿＿＿＿＿＿円となる。

問題３－７　内製か購入かの意思決定

⇒ 解答Ｐ.76

大原畜産においては、年間10,000kgの飼料を必要としている。現在遊休生産能力を有している当社は、当該飼料について自製を行うか、外注にするかの意思決定の検討を行っている。そこで以下の〔**資料**〕に基づいて、飼料を自給すべきかそれとも流通飼料を購入するべきかを答えなさい。

〔**資料**〕

１．自給飼料の生産原価について

⑴　自給飼料を生産するための変動費が１kg当たり50円発生する。

⑵　固定費が4,000,000円発生する。そのうち80％は飼料の自製を行わなければ発生しない固定費である。

２．流通飼料の購入原価について

⑴　流通飼料の購入原価は１kg当たり400円であった。

〔**答案用紙**〕（不要な語句は二重線で消去せよ）

飼料を自製する方が（　　　　　　　）円（　有利　・　不利　）である。

問題３－８　価格決定

⇒ 解答P.76

当社は単一の農産物Ａを生産販売している会社である。**〔資料〕**は、当社の年間予算に関するものである。農産物Ａは市場で極めて高い評価を得ており、価格決定権は当社にある。これに基づいて、農産物Ａの価格決定に関する諸問に答えなさい。

〔資料〕

１．農産物Ａの単位当たりデータ

直接材料費（変動費）	300円
直接労務費（変動費）	500円
変動製造間接費	200円
変動販売費（包装代）	100円

２．年間の固定費

固定製造間接費	1,200,000円
固定販管費	800,000円

３．年間の目標営業利益　1,600,000円

４．年間の生産販売量　4,000個

問１　農産物Ａの単位当たり総原価に、単位当たりの所要利益を加算する方法（全部原価基準）によると、農産物Ａの販売単価はいくらになるか。

問２　農産物Ａの単位当たり総原価に、一定のマーク・アップ率を付加して**問１**で算定した農産物Ａの販売単価と等しくなるようにしたい。この場合、マーク・アップ率は何％か。端数が生ずる場合には、％未満第３位を四捨五入すること（以下同様）。

問３　農産物Ａの単位当たり変動費に、単位当たりの目標限界利益（固定費＋所要利益）を加算する方法（直接原価基準）によると、農産物Ａの販売単価はいくらになるか。

問４　農産物Ａの単位当たり変動費に、一定のマーク・アップ率を付加して**問３**で算定した農産物Ａの販売単価と等しくなるようにしたい。この場合、マーク・アップ率は何％か。

〔答案用紙〕

問１	円	問２	％
問３	円	問４	％

問題３－９　資本コスト

⇒ 解答P.77

大原農業（以下、当社）が作成した以下の資料に基づいて税引後の加重平均資本コストを算定しなさい。

〔資料〕

１．資金調達源泉別の調達金額及び資本コスト（税引前）

調達源泉	調達金額	資本コスト
長期借入金	1,500百万円	6％
社債	2,500百万円	8％
新株発行	4,000百万円	12％
留保利益	2,000百万円	10％

２．当社は投資案評価の際に税引後の加重平均資本コストを使用している。

３．法人税率は40％である。

〔答案用紙〕

（　　　　　）％

問題３－10　正味現在価値法と現在価値指数法（収益性指数法）

⇒ 解答P.78

大原農業（以下、当社）では、新農産物の生産のために農業機械であるＡ機械とＢ機械のいずれを導入すべきか検討中である。そこで、以下の資料に基づいて下記の設問に答えなさい。

〔資料〕

1．Ａ機械を導入する案（Ａ案）

(1)　第１期期首の投資額は9,000千円である。

(2)　第１期から第３期（１期１年）の経常的な現金流入額は毎期4,500千円と見込まれる。

(3)　第３期期末の処分価値は０千円と見込まれる。

2．Ｂ機械を導入する案（Ｂ案）

(1)　第１期期首の投資額は12,000千円である。

(2)　毎期の経常的な現金流入額は、第１期が6,000千円、第２期が7,000千円、第３期が3,400千円と見込まれる。

(3)　第３期期末の処分価値は1,000千円と見込まれる。

3．計算条件その他

(1)　当該プロジェクトの経済命数は３年である。

(2)　当社の資本コストは10％である。

4．資本コスト10％のときの現価係数と年金現価係数

	１年	２年	３年
現　価　係　数	0.9091	0.8264	0.7513
年金現価係数	0.9091	1.7355	2.4869

問１　正味現在価値法によって設備投資の経済性計算を行いなさい。

問２　現在価値指数法（収益性指数法）によって設備投資の経済性計算を行いなさい。なお、計算結果に端数が生じる場合には、小数点以下第２位を四捨五入しなさい。

〔答案用紙〕

問１　Ａ案の正味現在価値：（　　　　　　　）千円

Ｂ案の正味現在価値：（　　　　　　　）千円

したがって、（　　）案の方が（　　　　　　）千円有利である。

問２　Ａ案の現在価値指数：（　　　　　　　）％

Ｂ案の現在価値指数：（　　　　　　　）％

したがって、（　　）案の方が（　　　　　　）％有利である。

問題３－11　内部利益率法

⇒ 解答Ｐ.79

大原農業（以下、当社）では、新農産物の生産のために農業機械であるＡ機械とＢ機械のいずれを導入すべきか検討中である。そこで、以下の資料に基づいて下記の設問に答えなさい。

〔資料〕

１．Ａ機械を導入する案（Ａ案）

(1)　第１期期首の投資額は9,000千円である。

(2)　第１期から第３期（１期１年）の経常的な現金流入額は毎期4,500千円と見込まれる。

(3)　第３期期末の処分価値は０千円と見込まれる。

２．Ｂ機械を導入する案（Ｂ案）

(1)　第１期期首の投資額は12,000千円である。

(2)　毎期の経常的な現金流入額は、第１期が6,000千円、第２期が7,000千円、第３期が3,400千円と見込まれる。

(3)　第３期期末の処分価値は1,000千円と見込まれる。

３．計算条件その他

(1)　当該プロジェクトの経済命数は３年である。

(2)　当社の資本コストは10％である。

４．現価係数と年金現価係数

	現価係数					年金現価係数			
	21%	22%	23%	24%		21%	22%	23%	24%
１年	0.8264	0.8197	0.8130	0.8065	１年	0.8264	0.8197	0.8130	0.8065
２年	0.6830	0.6719	0.6610	0.6504	２年	1.5095	1.4915	1.4740	1.4568
３年	0.5645	0.5507	0.5374	0.5245	３年	2.0739	2.0422	2.0114	1.9813

問　内部利益率法によって設備投資の経済性計算を行いなさい。なお、計算結果に端数が生じる場合には、小数点以下第２位を四捨五入しなさい。

〔答案用紙〕

Ａ案の内部利益率：（　　　　　　　）％

Ｂ案の内部利益率：（　　　　　　　）％

したがって、（　　）案の方が（　　　　　　）％有利である。

問題３－12　回収期間法

⇒ 解答Ｐ.81

大原農業では、新農産物の生産のために農業機械たるＡ機械とＢ機械のいずれを導入すべきか検討中である。そこで、以下の資料に基づいて下記の設問に答えなさい。

〔資料〕

１．Ａ機械を導入する案（Ａ案）

(1)　第１期期首の投資額は9,000千円である。

(2)　第１期から第３期（１期１年）の経常的な現金流入額は毎期4,500千円と見込まれる。

(3)　第３期期末の処分価値は０千円と見込まれる。

２．Ｂ機械を導入する案（Ｂ案）

(1)　第１期期首の投資額は12,000千円である。

(2)　毎期の経常的な現金流入額は、第１期が6,000千円、第２期が7,000千円、第３期が3,400千円と見込まれる。

(3)　第３期期末の処分価値は1,000千円と見込まれる。

３．計算条件その他

当該プロジェクトの経済命数は３年である。

問　（単純）回収期間法によって設備投資の経済性計算を行いなさい。なお、設備投資によって生じる累積的正味現金流入額を使用すること。また、計算結果に端数が生じる場合には、小数点以下第２位を四捨五入しなさい。

〔答案用紙〕

Ａ案の回収期間：（　　　　　　　）年

Ｂ案の回収期間：（　　　　　　　）年

したがって、（　　）案の方が（　　　　　　　）年有利である。

問題３－13　投資利益率法（会計的利益率法）

⇒ 解答P.81

大原農業（以下、当社）では、新農産物の生産のためにＡ機械とＢ機械のいずれを導入すべきか検討中である。そこで、以下の資料に基づいて下記の設問に答えなさい。

〔資料〕

１．Ａ機械を導入する案（Ａ案）

(1)　第１期期首の投資額は150億円である。

(2)　第１期から第10期（１期１年）の利益（減価償却費控除前・税引前）は毎期40億円と見込まれる。

(3)　Ａ機械の減価償却は残存価額ゼロ、耐用年数10年、定額法により行う。

２．Ｂ機械を導入する案（Ｂ案）

(1)　第１期期首の投資額は200億円である。

(2)　第１期から第10期（１期１年）の利益（減価償却費控除前・税引前）は毎期68億円と見込まれる。

(3)　Ｂ機械の減価償却は残存価額を取得原価の10％、耐用年数10年、定額法により行う。

３．計算条件その他

法人税率は40％である。

問１　投資利益率法（分母に平均投資額を用いる）によって設備投資の経済性計算を行いなさい。なお、計算結果に端数が生じる場合には、小数点以下第２位を四捨五入しなさい（以下同様）。

問２　投資利益率法（分母に総投資額を用いる）によって設備投資の経済性計算を行いなさい。

〔答案用紙〕

問１　Ａ案の投資利益率：（　　　　　　　）％

Ｂ案の投資利益率：（　　　　　　　）％

したがって、（　　）案の方が（　　　　　　　）％有利である。

問２　Ａ案の投資利益率：（　　　　　　　）％

Ｂ案の投資利益率：（　　　　　　　）％

したがって、（　　）案の方が（　　　　　　　）％有利である。

問題3－14　キャッシュ・フローの把握(1)（新規投資1・収益有り1）　⇒ 解答P.83

大原農業（以下、当社）では、高付加価値の新農産物の生産のために農業機械であるA機械とB機械のいずれを導入すべきか検討中である。そこで、以下の資料に基づいて下記の設問に答えなさい。

〔資料〕

1．A機械を導入する案

(1)　取得原価は20,000千円である。

(2)　変動費は、2,800円/kgであり、すべて現金支出を伴う。

(3)　現金支出を伴う固定費は年間6,500千円である。

(4)　年間生産能力は10,000kgである。

(5)　2年後の処分価値はゼロと予測される。

2．B機械を導入する案

(1)　取得原価は30,000千円である。

(2)　変動費は、2,500円/kgであり、すべて現金支出を伴う。

(3)　現金支出を伴う固定費は年間14,500千円である。

(4)　年間生産能力は15,000kgである。

(5)　2年後には3,500千円で処分できるものと予測される。

3．計算条件その他

(1)　減価償却は残存価額を取得原価の10%、耐用年数2年とし、定額法により行う。

(2)　新農産物の販売価格は4,500円/kgである。

(3)　法人税率は45%である。

(4)　税金の計算と支払いは会計期末に行うものとみなす。

(5)　当社は毎期利益をあげており、この基調は向こう数年間、変わらないものと予想される。

(6)　当社の税引後加重平均資本コストは4%である。

4．現価係数表

n＼r	1%	2%	3%	4%	5%	6%	7%
1	0.9901	0.9804	0.9709	0.9615	0.9524	0.9434	0.9346
2	0.9803	0.9612	0.9426	0.9246	0.9070	0.8900	0.8734

問1　各投資案の年々の税引前正味現金流出入額を求めなさい。なお、現金流出額の場合には「－」（マイナス）を附して答えなさい（以下同様）。

問2　各投資案の年々の税引後正味現金流出入額を求めなさい。

問3　正味現在価値法によって、どちらの投資案を採用すべきか判断しなさい。

問4　現在価値指数法（収益性指数法）によって、どちらの投資案を採用すべきか判断しなさい。なお、計算結果に端数が生じる場合には、小数点以下第2位を四捨五入すること。

問5　内部利益率法によって、どちらの投資案を採用すべきか判断しなさい。なお、計算結果に端数が生じる場合には、小数点以下第2位を四捨五入すること。

問6　（単純）回収期間法によって、どちらの投資案を採用すべきか判断しなさい。なお、設備投資によって生じる累積的正味現金流入額を使用すること。また、計算結果に端数が生じる場合には、小数点以下第3位を四捨五入すること。

〔答案用紙〕

問1

	現　在	1年後（第1期末）	2年後（第2期末）
A 機 械 案	千円	千円	千円
B 機 械 案	千円	千円	千円

問2

	現　在	1年後（第1期末）	2年後（第2期末）
A 機 械 案	千円	千円	千円
B 機 械 案	千円	千円	千円

問3

A機械案　［　　　　千円］　B機械案　［　　　　千円］

したがって、{A機械案／B機械案}を採用すべきである。（不要な語句を二重線で消去しなさい）

問4

A機械案　［　　　　%］　B機械案　［　　　　%］

したがって、{A機械案／B機械案}を採用すべきである。（不要な語句を二重線で消去しなさい）

問５

A機械案 [　　　　%]　　B機械案 [　　　　%]

したがって、{A機械案／B機械案} を採用すべきである。(不要な語句を二重線で消去しなさい)

問６

A機械案 [　　　　年]　　B機械案 [　　　　年]

したがって、{A機械案／B機械案} を採用すべきである。(不要な語句を二重線で消去しなさい)

問題３－15　キャッシュ・フロ－の把握⑵（新規投資２・収益有り２）

⇒ 解答Ｐ.87

６次産業化を進める大原農業（以下、当社）では、現在次期の設備投資予算1,000百万円をどの設備を導入するために使用すべきか検討中である。そこで以下の資料を参照して、諸問に答えなさい。

〔資料１〕　設備投資プロジェクトＡ案（Ａ設備を導入し、ａ製品（加工食品）を製造販売する案）

Ａ設備の予定取得価額は200百万円、法定耐用年数は４年、経済命数は３年である。また、Ａ設備の残存価額は取得原価の10％であり、経済命数経過後の処分価値は30百万円である。なお、減価償却費は定額法により計算する。

ａ製品の予定販売価格は1,500円/個であり、その予定年間販売数量は15万個である。また、ａ製品の予定変動費は700円/個である。さらに、ａ製品を製造販売するためには、上記の減価償却費以外に30百万円の固定費の支出が必要となる。

〔資料２〕　設備投資プロジェクトＢ案（Ｂ設備を導入し、ｂ製品（健康食品）を製造販売する案）

Ｂ設備の予定取得価額は300百万円、法定耐用年数は８年、経済命数は３年である。また、Ｂ設備の残存価額は取得原価の10％であり、経済命数経過後の処分価値は70百万円である。なお、減価償却費は償却率0.25をもとに定率法により計算する。

ｂ製品の予定販売価格は2,000円/個であり、その予定年間販売数量は17万個である。また、ｂ製品の予定変動費は900円/個である。さらに、ｂ製品を製造販売するためには、上記の減価償却費以外に50百万円の固定費の支出が必要となる。

〔資料３〕　その他の計算条件

⑴　法人税率は40％である。

⑵　固定資産税は計算上無視する。

⑶　減価償却費及び、固定資産売却損以外の費用及び収益はすべて現金流出入を伴う。

⑷　３年後に各設備を売却すると売却損が発生するが、それは現時点から３年後の決算時に計上され、課税利益の計算上、損金算入が認められている。

問１　答案用紙の形式に従って、Ａ案及びＢ案の現金流出入額を求めなさい。

〔追加資料１〕　設備投資にあてられる資金の調達源泉別税引前資本コスト

資金調達源泉	調達資金量	資本コスト
負　　　債	150百万円	７％
普　通　株	750百万円	13％
留保利益	100百万円	12％
合　　計	1,000百万円	

問２　税引後の加重平均資本コストを求めなさい。

〔追加資料２〕　現価係数表

n＼r	11%	12%	13%	14%	15%	16%	17%	18%	19%	20%
1	0.9009	0.8929	0.8850	0.8772	0.8696	0.8621	0.8547	0.8475	0.8403	0.8333
2	0.8116	0.7972	0.7831	0.7695	0.7561	0.7432	0.7305	0.7182	0.7062	0.6944
3	0.7312	0.7118	0.6931	0.6750	0.6575	0.6407	0.6244	0.6086	0.5934	0.5787

問３　**問２**の解答に修正を施し加重平均資本コストを12%として、各案の正味現在価値及び内部利益率を求めなさい。ただし、正味現在価値については最終結果の百万円未満を切り捨て、内部利益率については最終結果の１％未満を切り捨てなさい。

〔答案用紙〕

問１

（Ａ　案）	現時点	１年後	２年後	３年後
年次現金流出入額	（　　百万円）	（　　百万円）	（　　百万円）	（　　百万円）
（Ｂ　案）	**現時点**	**１年後**	**２年後**	**３年後**
年次現金流出入額	（　　百万円）	（　　百万円）	（　　百万円）	（　　百万円）

（注）　年次現金流出額については、マイナスを附すこと。

問２　（　　　　％）

問３

	Ａ　案	Ｂ　案
正味現在価値	（　　百万円）	（　　百万円）
内部利益率	（　　％）	（　　％）

問題３－16　キャッシュ・フロー の把握⑶（新規投資３・原価のみ１）　⇒ 解答Ｐ.90

大原農業（以下、当社）では、６次産業化を進めており九州北部に農産物物流センターの新設を検討している。この物流センターの新設に関しては、(イ)土地建物一式を購入する案と、(ロ)土地建物一式を賃借する案の２案がある。なお、当該物流センターは第１期首（会計期首）から稼働し、２年間使用する。そこで、以下の資料に基づいて下記の設問に答えなさい。

〔資料〕

１．購入案

⑴　土地と建物の取得原価はそれぞれ45,000千円と35,000千円である。

⑵　不動産取得に関する租税公課（費用処理）　2,000千円（不動産取得時（＝第０期末＝会計期末）に支払い）

⑶　固定資産の保有に関する租税公課（費用処理）　土地建物の取得原価の1.4％（第１期以降の毎年度末に支払い）

⑷　建物は第１期首（会計期首）から稼働する。

⑸　建物は残存価額を取得原価の10％、耐用年数３年として、定額法で減価償却する。

⑹　２年後には、土地は取得原価で、建物は12,000千円でそれぞれ処分できるものと推測される。

⑺　賃借物件に比べ遠隔地にあるため、賃借案に比べて輸送費が年間2,000千円多くかかると推測される。

２．賃借案

⑴　年間賃借料　15,000千円

⑵　権　利　金　2,400千円（契約時（＝第０期末）の支払い。権利金は２年間で均等償却）

⑶　敷　　　金　1,800千円（契約時（＝第０期末）の支払い。第２期末に全額が返却される予定）

３．計算条件その他

⑴　法人税率は45％である。

⑵　税金の計算と支払いは会計期末に行うものとみなす。

⑶　当社は毎期利益をあげており、この基調は向こう数年間、変わらないものと予想される。

⑷　当社の税引後加重平均資本コストは４％である。

(5) 資本コスト４％における現価係数は次のとおりである。

1年　0.9615　　2年　0.9246

問１ 各投資案の年々の税引前正味現金流出入額を求めなさい。なお、現金流出額の場合には「－」（マイナス）を附して答えなさい（以下同様）。

問２ 各投資案の年々の税引後正味現金流出入額を求めなさい。

問３ 正味現在価値法によって、どちらの投資案を採用すべきか判断しなさい。なお、計算結果に端数が生じる場合には、千円未満を四捨五入すること。

問４ 仮に、不動産の購入と賃貸借契約が第０期末ではなく第１期首（会計期首）に行われるとしよう。この場合の各投資案の年々の税引後正味現金流出入額を求めなさい。

〔答案用紙〕

問１

	現在（第０期末）	１年後（第１期末）	２年後（第２期末）
購入案	千円	千円	千円
賃借案	千円	千円	千円

問２

	現在（第０期末）	１年後（第１期末）	２年後（第２期末）
購入案	千円	千円	千円
賃借案	千円	千円	千円

問３

{購入案／賃借案} の方が［　　　千円］有利なので、{購入案／賃借案} を採用すべきである。

（不要な語句を二重線で消去しなさい）

問４

	現在（第１期首）	１年後（第１期末）	２年後（第２期末）
購入案	千円	千円	千円
賃借案	千円	千円	千円

問題３－17　キャッシュ・フロー の把握(4)（新規投資４・原価のみ２）　⇒ 解答P.93

大原農業（以下、当社）では、現在、次年度から販売を開始する新農産物加工品の生産設備を、Ａ社とＢ社のいずれの機械メーカーから導入すべきか検討している。そこで、次の資料に基づいて、下記の諸問に答えなさい。なお、当該製品のライフ・サイクルは３年と見積もられている。

〔資料〕

１．Ａ社設備

設備の購入価額は、2,450,000千円、据付費用が50,000千円であり、耐用年数４年、残存価額10%の定額法で減価償却する。運転費用は、電力料等の変動費が１個当たり２千円、メンテナンス費用が１回当たり31,250千円である。なお、Ａ社設備は累計生産個数が８万個に達するごとに１回のメンテナンスを必要とする。当該設備は、３年度末には除却するが、その処分価値は820,000千円と見積もられている。

２．Ｂ社設備

設備の購入価額は、2,925,000千円、据付費用が75,000千円であり、耐用年数５年、残存価額10%の定額法で減価償却する。運転費用は、電力料等の変動費が１個当たり1.5千円、メンテナンス費用が１回当たり31,250千円である。なお、Ｂ社設備は累計生産個数が12万個に達するごとに１回のメンテナンスを必要とする。当該設備は、３年度末には除却するが、その処分価値は1,000,000千円と見積もられている。

３．その他

新農産物加工品の出荷個数は、１年度が20万個、２年度が30万個、３年度が25万個と予想される。

問１　Ａ社設備とＢ社設備の各年度におけるメンテナンス費用を算定しなさい。

問２　法人税率を40%とした場合、両社設備の税引後キャッシュ・フローを計算しなさい。

〔答案用紙〕

問１

（単位：千円）

	1年度	2年度	3年度
A 社 設 備			
B 社 設 備			

問２

（単位：千円）

	現　在	1年度	2年度	3年度
A 社 設 備				
B 社 設 備				

問題３－18　キャッシュ・フローの把握(5)（取替投資１・新旧設備の生産能力同じ１）

⇒ 解答P.95

大原農業（以下、当社）では、３年前に取得した設備を使って農産物加工品を生産している。現在、現有設備を同じ生産能力を持つ新設備に取り替えるべきか否かを検討中である。そこで、以下の資料に基づいて下記の設問に答えなさい。

〔資料〕

１．現有設備をそのまま使用する案

(1)　３年前の取得原価は64,000千円である。

(2)　耐用年数は５年（残り２年）である。

(3)　現時点では、30,000千円で処分できるものと推測される。

(4)　２年後には、6,000千円で処分できるものと推測される。

２．新設備に取り替える案

(1)　取得原価は70,000千円である。

(2)　耐用年数は５年である。

(3)　２年後には、40,000千円で処分できるものと推測される。

(4)　新設備の使用により、年々の税引前現金支出原価は7,000千円節約できると推測される。

３．計算条件その他

(1)　減価償却は残存価額を取得原価の10％とし、定額法により行う。

(2)　農産物加工品の生産は２年後に中止する予定である。

(3)　現有設備から新設備への取替えが行われるのは、第０期末（会計期末）であり、第１期首（会計期首）から稼働する。

(4)　法人税率は45％である。

(5)　税金の計算と支払いは会計期末に行うものとみなす。

(6)　当社は毎期利益をあげており、この基調は向こう数年間、変わらないものと予想される。

(7)　当社の税引後加重平均資本コストは４％である。

(8)　資本コスト４％における現価係数は次のとおりである。

１年　0.9615　　２年　0.9246

問１　各代替案ごとの年々の税引前正味現金流出入額を求めなさい。なお、現金流出額の場合には「－」（マイナス）を附して答えなさい（以下同様）。

問２　年々の税引後正味現金流出入額を求めなさい。

問3　正味現在価値法によって、新設備に取り替えるべきか否かを判断しなさい。なお、計算結果に端数が生じる場合には、千円未満を四捨五入すること。

問4　仮に、現有設備から新設備への取替えが第1期首（会計期首）に行われるとしよう。この場合の年々の税引後正味現金流出入額を、現有設備案を新設備案に含める方法によって求めなさい。

〔答案用紙〕

問1

代替案ごとに求める場合

	現在（第0期末）	1年後（第1期末）	2年後（第2期末）
現有設備案	千円	千円	千円
新 設 備 案	千円	千円	千円

現有設備案を新設備案に含める場合

千円	千円	千円

問2

代替案ごとに求める場合

	現在（第0期末）	1年後（第1期末）	2年後（第2期末）
現有設備案	千円	千円	千円
新 設 備 案	千円	千円	千円

現有設備案を新設備案に含める場合

千円	千円	千円

問3

{現有設備案／新 設 備 案} の方が [　　　千円] 有利なので、{現有設備案／新 設 備 案} を採用すべきである。（不要な語句を二重線で消去しなさい）

問4

現在（第1期首）	1年後（第1期末）	2年後（第2期末）
千円	千円	千円

問題３－19　キャッシュ・フローの把握(6)（取替投資２・新旧設備の生産能力同じ２）

⇒ 解答Ｐ.100

当社は、現有設備を新設備に取り替えるべきか否かを検討中である。

１．Ａ案－現有設備をそのまま使用する案

(1)　現有設備の帳簿価額……………………………………………………… 6,400千円

(2)　耐用年数の残り ………………………………………………………………３年

(3)　３年後の残存価額………………………………………………………… 1,000千円

(4)　現在時点における売却価額……………………………………………… 1,400千円

２．Ｂ案－新設備を購入する案

(1)　取得価額…………………………………………………………………20,000千円

(2)　耐用年数……………………………………………………………………３年

(3)　３年後の残存価額………………………………………………………… 2,000千円

(4)　新設備の使用による年々の税引前原価（現金支出）節約額……………… 7,000千円

３．共通の条件

(1)　資本コストは10％とする。利子率（ｒ）が10％の場合の、ｎ年後１円の現在価値表（１＋ｒ）$^{-n}$は次のとおりである。

ｎ＼ｒ	1	2	3
10％	0.909	0.826	0.751

(2)　法人税率は50％とする。

(3)　減価償却は定額法による。

(4)　現在時点で現有設備を新設備に取り替えれば、現有設備について売却損が発生する。それは第１年度末（１年後）の決算時に計上され、課税利益の計算上、損金算入が認められる。

(5)　残存価額と売却価値は等しいものとする。

問　以上の資料に基づき、正味現在価値法によって、Ａ案及びＢ案のそれぞれの正味現在価値を計算し、両者を比較して、現有設備を新設備に取り替えるべきか否かの意思決定をしなさい。

なお、正味現在価値の計算に際しては、将来の増分現金流入額の現在価値は、税引後で計算すること。

〔答案用紙〕（不要な語句を二重線で消去しなさい）

（A案の正味現在価値）		（B案の正味現在価値）		（正味現在価値の差額）
千円	－	千円	＝	千円

したがって、現有設備を新設備に取り替えるべきで（　ある　・　ない　）。

問題３－20　キャッシュ・フローの把握(7)（運転資本の増減変化）

⇒ 解答Ｐ.102

以下の資料に基づいて運転資本に関するキャッシュ・フローの把握を行いなさい。他のキャッシュ・フローについては無視してよい。

〔資料〕

1．当社は、新農産物加工品の製造・販売プロジェクトを検討中である。操業は次年度から開始するが、操業を可能にするため、現在時点の投資額の中に、正味運転資本の投資額を計上する。その内訳は、次年度の予想変動益を基準とし、その10％を売掛金に対する投資、４％を棚卸資産に対する投資として、他方６％を買掛金相当分とする。

2．新農産物加工品の予想販売量と販売単価は、次のとおりである。

	１年目	２年目	３年目	４年目	５年目
販　売　量（ｔ）	1,300	1,400	1,300	1,000	900
販売単価（万円）	250	250	200	180	150

3．正味運転資本は、毎年、次年度の予想変動益を基準とし、上記の比率で当年度のキャッシュ・フローに計上する。

〔答案用紙〕

年々の正味運転資本のキャッシュ・フロー（単位：百万円）

現時点	１年目	２年目	３年目	４年目	５年目

(注)　キャッシュ・アウトフローについては、マイナス符号で示すこと。

問題３－21　不確実性下の意思決定

⇒ 解答Ｐ.103

当社は現在、業務費用の削減をもたらす新規プロジェクトの採用を検討中であり、会計的な分析を行っている。以下に示す資料に基づいて、諸問に答えなさい。

〔資料〕

１．新規プロジェクトの経済命数は３年であり、必要な設備投資額は4,000万円である。

２．設備投資によってもたらされる年々のキャッシュ・フロー（業務費用の削減額）は、以下のとおり予想された。

（単位：万円）

１年目	２年目	３年目
2,000（0.4）	2,400（0.4）	2,200（0.5）
1,400（0.6）	1,500（0.6）	1,300（0.5）

括弧内の数値は、キャッシュ・フローの発生に対する経営者の主観的な確率を示している。また、各年のキャッシュ・フローは相互に独立しているものとする。

３．計算条件

(1)　すべてのキャッシュ・フローは年度末に生じるものとする。

(2)　当社は、正味現在価値法によって投資プロジェクトの評価を行っている。正味現在価値の算定は、年々のキャッシュ・フローの期待値に基づいて行う。

(3)　当社の資本コストは10％である。10％における現価係数は次のとおりである。

１年　0.909　　２年　0.826　　３年　0.751

問１　１～３年目における年々のキャッシュ・フローの期待値を算定しなさい。

問２　投資プロジェクトの正味現在価値を算定しなさい。

〔答案用紙〕

問１

１年目	２年目	３年目
万円	万円	万円

問２

万円

第４章　標準原価計算

問題４－１　仕掛品勘定の記帳と原価差異分析

⇒ 解答P.104

当社は畜産農家であり、標準原価計算を適用している企業である。次の〔**資料**〕に基づいて、諸問に答えなさい。

〔**資料**〕

１．家畜１頭当たりの標準原価カードに関する資料

	標準単価		標準消費量		原価標準
素　畜　費	4,000円/頭	×	１頭	＝	4,000円
直接労務費	600円/ｈ	×	0.4ｈ×180日	＝	43,200円
製造間接費	1,000円/ｈ	×	0.4ｈ×180日	＝	72,000円
					119,200円

(注)　製造間接費の配賦基準は直接作業時間を採用している。製造間接費は固定予算を適用している。製造間接費の年間予算額は10,000,000円であり、基準操業度は年間10,000ｈである。

２．生産データに関する資料

期首仕掛品	20頭
当期投入	130頭
計	150頭
期末仕掛品	30頭
完成品	120頭

期首仕掛品となった家畜は前期108日の飼育日数が経過しており、期末仕掛品となった家畜の飼育日数は90日経過している。

３．実際発生額に関する資料

直接材料費	546,000円（130頭）
直接労務費	5,414,750円（8,950ｈ）
製造間接費	10,015,000円

問１　シングル・プラン（製造間接費は標準配賦額を借記）による仕掛品勘定の記帳及び仕掛品勘定で把握される原価差異を算定しなさい。なお、金額が算定されない場合は「—（バー）」を、原価差異が不利差異の場合は金額の前に「△」を附すこと（以下、同様）。

問2 修正パーシャル・プランによる仕掛品勘定の記帳及び仕掛品勘定で把握される原価差異を算定しなさい。なお、製造間接費は実際発生額を借記すること。

問3 パーシャル・プランによる仕掛品勘定の記帳及び仕掛品勘定で把握される原価差異を算定しなさい。なお、製造間接費は実際発生額を借記すること。

〔答案用紙〕

問1

仕　　掛　　品　　　（単位：円）

借方	金額	貸方	金額
前期繰越		製品	
素畜費		原価差異	
賃金		次期繰越	
製造間接費			

仕掛品勘定で把握される原価差異

価格差異	数量差異
円	円

賃率差異	作業時間差異
円	円

予算差異	操業度差異	能率差異
円	円	円

問2

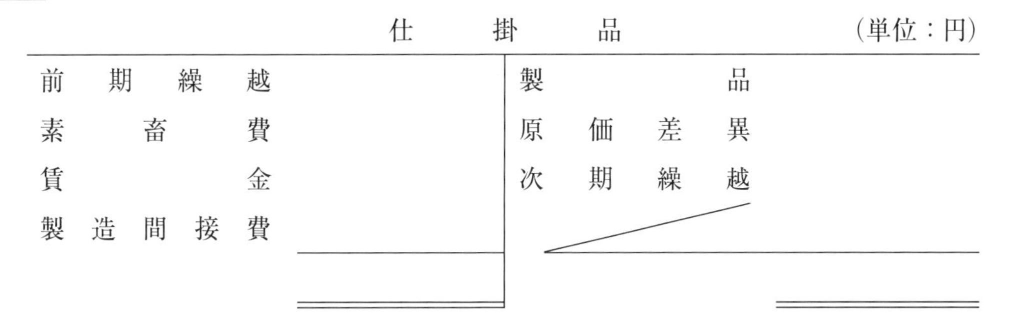

仕　　掛　　品　　　（単位：円）

借方	金額	貸方	金額
前期繰越		製品	
素畜費		原価差異	
賃金		次期繰越	
製造間接費			

仕掛品勘定で把握される原価差異

価格差異	数量差異
円	円

賃率差異	作業時間差異
円	円

予算差異	操業度差異	能率差異
円	円	円

問３

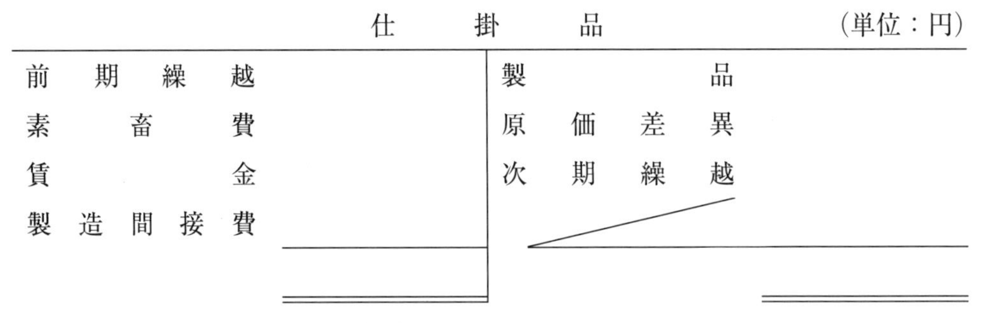

仕掛品			(単位：円)
前期繰越		製品	
素畜費		原価差異	
賃金		次期繰越	
製造間接費			

仕掛品勘定で把握される原価差異

価格差異	数量差異
円	円

賃率差異	作業時間差異
円	円

予算差異	操業度差異	能率差異
円	円	円

問題４－２　製造間接費差異分析（各種予算の比較）

⇒ 解答P.109

次の〔資料〕に基づき、諸問に答えなさい。

〔資料〕

１．年間製造間接費予算に関する資料

変動費率　100円/ｈ　固定費予算額　700,000円

基準操業度　3,500ｈ　家畜１頭１日に要する加工時間は0.2ｈであった。

２．生産データに関する資料

期首仕掛品	10頭
当期投入	90頭
計	100頭
期末仕掛品	5頭
完成品	95頭

完成品の家畜の飼育に要する日数は180日である。期首仕掛品となった家畜の飼育日数は90日、期末仕掛品となった家畜の飼育日数は144日であった。

３．製造間接費実際発生額に関する資料

1,061,700円（3,422ｈ）

問１　２分法により製造間接費差異を管理可能差異と管理不能差異に分析しなさい。

問２　４分法により製造間接費差異を予算差異、変動費能率差異、固定費能率差異、操業度差異に分析しなさい。

問３　３分法により製造間接費差異を予算差異、能率差異、操業度差異に分析しなさい。なお、能率差異は標準配賦率により算定すること。

問４　３分法により製造間接費差異を予算差異、能率差異、操業度差異に分析しなさい。なお、能率差異は変動費率により算定すること。

〔**答案用紙**〕（注）不利差異の場合は金額の前に「△」を附すこと。

問１

管理可能差異	管理不能差異
円	円

問２

予算差異	変動費能率差異	固定費能率差異	操業度差異
円	円	円	円

問３

予算差異	能率差異	操業度差異
円	円	円

問４

予算差異	能率差異	操業度差異
円	円	円

第５章　活動基準原価計算

問題５－１　活動基準原価計算（ＡＢＣ）①（製造業におけるＡＢＣ）　⇒ 解答Ｐ.112

二つの製品P_1とP_2を生産しているＸＹＺ工場では、現行の原価計算システム（伝統的全部原価計算）による製造間接費の配賦計算を活動基準原価計算（ＡＢＣ）に切り替えると、製品原価がどのように変わるかを調査することにした。下記の各〔**資料**〕に基づいて諸問に答えなさい。

〔現行の原価計算システムに関する資料〕

１．製品単位当たり製造直接費に関するデータ

直接材料費　　P_1…1,500円、P_2…2,000円

直接作業時間　　P_1…1.0時間、P_2…0.8時間

直接工の賃率は1,000円/時である。

２．製造間接費に関するデータ

1,920,000円：直接作業時間を基準として各製品に配賦している。

３．当期の生産量

P_1…800個、P_2…200個

〔ＡＢＣに関する資料〕

活　　動	活動原価	活動ドライバー	活動ドライバー量	
			製品P_1	製品P_2
機械作業活動	1,120,000円	機械運転時間	1,200時間	400時間
段取活動	70,000円	段取時間	20時間	50時間
保管活動	400,000円	直接材料出庫金額	1,200,000円	400,000円
設計活動	126,000円	製品仕様書作成時間	50時間	90時間
品質保証活動	124,000円	抜き取り検査回数	10回	30回
マテハン活動	80,000円	運搬回数	20回	20回

問１　現行の原価計算システムによる製品単位原価を計算しなさい。

問２　製造間接費の配賦計算をＡＢＣに切り替えた場合の製品単位原価を計算しなさい。

〔答案用紙〕

問１

製品P_1	製品P_2
円/個	円/個

問２

製品P_1	製品P_2
円/個	円/個

問題５－２　活動基準原価計算（ＡＢＣ）②（農企業におけるＡＢＣ）　⇒ 解答Ｐ.113

当農園は活動基準原価計算によって製造間接費の配賦計算を行うことにした。現在３種類の農産物を生産販売しており、出荷して市場に輸送するまでの活動を六つに分類した。以下の〔**資料**〕に基づいて、各農産物の製造間接費集計額を答えなさい。

〔**資料**〕

１．活動の分類

(1)　育苗や融雪といった準備活動に集計された金額は、33,600円であった。

(2)　堆肥散布や耕起活動に集計された金額は672,000円であった。

(3)　播種活動に集計された金額は133,000円であった。

(4)　防除活動に集計された金額は112,500円であった。

(5)　収穫活動に集計された金額は21,600円であった。

(6)　市場への輸送活動に集計された金額は374,000円であった。

２．原価作用因について

		ジャガイモ	タマネギ	ニンジン
準備活動	準備時間	３時間	２時間	１時間
堆肥散布・耕起活動	活動時間	10時間	８時間	24時間
播種活動	播種重量	10kg	５kg	４kg
防除活動	防除時間	３時間	12時間	30時間
収穫活動	収穫時間	１時間	３時間	８時間
輸送活動	輸送回数	２回	５回	10回

〔**答案用紙**〕

ジャガイモ	円
タマネギ	円
ニンジン	円

解　答　編

第１章　短期利益計画のための管理会計

問題１－１　固変分解①

〔解答〕

変動費率	125,000円/10ａ	固定費額	1,700,000円

〔解説〕

１．肥料費

800,000円÷200ａ×10ａ＝40,000円/10ａ

２．労務費

900,000円÷200ａ×10ａ＝45,000円/10ａ

３．電力料

（1,100,000円－300,000円）÷200ａ×10ａ＝40,000円/10ａ

４．変動費率の計算

40,000円/10ａ＋45,000円/10ａ＋40,000円/10ａ＝125,000円/10ａ

５．固定費額の計算

1,000,000円＋300,000円＋400,000円＝1,700,000円

問題１－２　固変分解②

〔解答〕

最小自乗法

変動費率	420円/ａ	固定費額	2,000,000円

高低点法

変動費率	425円/ａ	固定費額	1,985,000円

〔解説〕

１．最小自乗法による原価分解

	作付面積：X	原　価：Y	X^2	X×Y
８月	1,800	2,750,000	3,240,000	4,950,000,000
９月	3,000	3,248,000	9,000,000	9,744,000,000
10月	3,300	3,387,500	10,890,000	11,178,750,000
11月	2,400	3,029,125	5,760,000	7,269,900,000
12月	2,800	3,176,500	7,840,000	8,894,200,000
１月	2,000	2,834,875	4,000,000	5,669,750,000
合計	15,300	18,426,000	40,730,000	47,706,600,000

月間固定費をＦ、変動費率をｖとおくと、

$$\begin{cases} 18{,}426{,}000 = 6F + 15{,}300v \cdots\cdots\cdots ① \\ 47{,}706{,}600{,}000 = 15{,}300F + 40{,}730{,}000v \cdots\cdots\cdots ② \end{cases}$$

①と②の連立方程式を解くとＦ＝2,000,000、ｖ＝420

∴最小自乗法により算定される月間固定費額は2,000,000円、変動費率は420円/ａとなる。

２．高低点法による原価分解

操業度が最大のデータ（10月）と最小のデータ（８月）を用いる。

変動費率：(3,387,500円－2,750,000円)÷(3,300ａ－1,800ａ)＝425円/ａ

固定費額：3,387,500円－425円/ａ×3,300ａ＝1,985,000円

問題１－３　ＣＶＰ分析－(1)　損益分岐点などの算定

〔解答〕

問１	限界利益率	70%
問２	限界利益	7,000,000円
	営業利益	3,500,000円
問３	損益分岐点変動益	5,000,000円
	損益分岐点販売量	30,000kg

問４

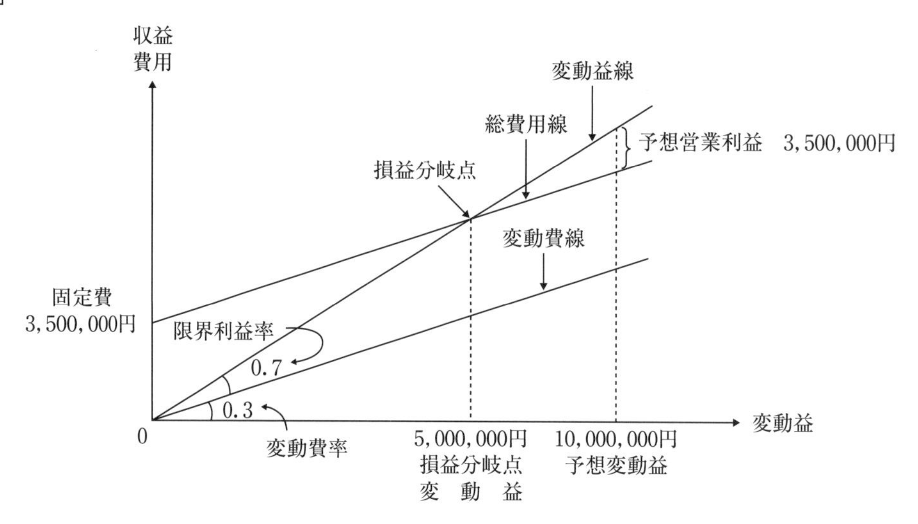

〔解説〕

問１　限界利益率　$\dfrac{10,000円/\mathrm{a}-3,000円/\mathrm{a}}{10,000円/\mathrm{a}}=0.7$

問２　限 界 利 益　7,000円／ a ×60,000kg÷60kg/ a ＝7,000,000円

営 業 利 益　7,000,000円－3,500,000円＝3,500,000円

問３　損益分岐点変動益　$\dfrac{3,500,000円}{0.7}=5,000,000円$

損益分岐点販売量　$\dfrac{5,000,000円}{10,000円/\mathrm{a}}=500\,\mathrm{a}$　⇒　500 a ×60kg＝30,000kg

問４　図表作成上の注意点

①　縦軸と横軸を明示する。

②　単位を明示する。

③　各線の名称、傾き及び切片等を明示する。

④　損益分岐点等の主要な指標の指摘とその変動益を明示する。

問題１－４　ＣＶＰ分析－⑵　利益構造の分析

〔解答〕

問１　損益分岐点変動益　500万円

問２

	営業利益	損益分岐点変動益
①	50万円	400万円
②	40万円	400万円
③	170万円	278万円
④	26万円	500万円

〔解説〕

問１　限界利益率　$\frac{120万円}{600万円}=0.2$　　ＢＥＳ　$\frac{100万円}{0.2}=500万円$

問２　（図中のＦＣ：固定費、ＢＥＰ：損益分岐点、ＢＥＳ：損益分岐点変動益、Ｓ：変動益線、ＴＣ：総費用線、ＶＣ：変動費線、Ｓｐ：変動益）

①　変動費を500円／ａ引き下げた場合

変動益	600万円	(1.0)
変動費（注）	450万円	(0.75)
限界利益	150万円	(0.25)
固定費	100万円	
営業利益	50万円	

（注）　8,000円／ａ－500円／ａ＝7,500円／ａ

ＢＥＳ′＝$\frac{100万円}{0.25}$＝400万円

②　固定費を200,000円引き下げた場合

変動益	600万円	(1.0)
変動費	480万円	(0.8)
限界利益	120万円	(0.2)
固定費（注）	80万円	
営業利益	40万円	

（注）　100万円－20万円＝80万円

ＢＥＳ′＝$\frac{80万円}{0.2}$＝400万円

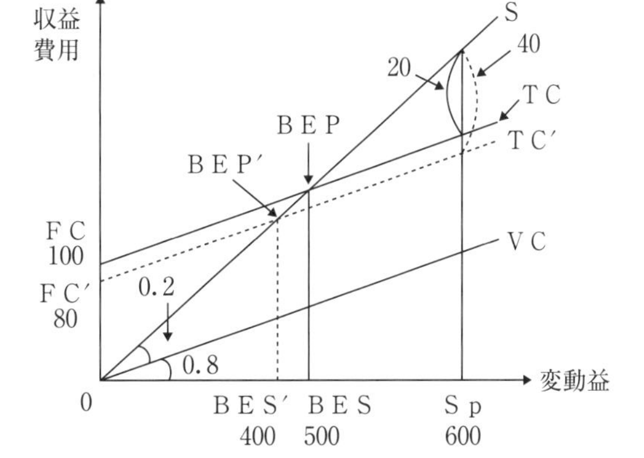

③　販売価格を2,500円／ａ引き上げた場合

変　動　益（注）	750万円	(1.0)
変　動　費	480万円	(0.64…)
限 界 利 益	270万円	(0.36…)
固　定　費	100万円	
営 業 利 益	170万円	

（注）（10,000円／ａ＋2,500円／ａ）×600ａ

$$\text{ＢＥＳ}' = \frac{100万円}{0.36\cdots} \fallingdotseq 278万円$$

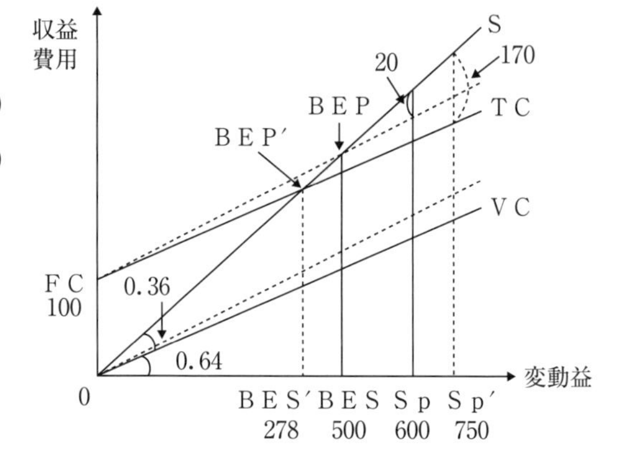

④　生産面積を５％引き上げた場合

変　動　益（注）	630万円	(1.0)
変　動　費	504万円	(0.8)
限 界 利 益	126万円	(0.2)
固　定　費	100万円	
営 業 利 益	26万円	

（注）生産面積が増加し変動益が増加するだけなので限界利益率には影響しない。したがって、ＢＥＳも変化しない。

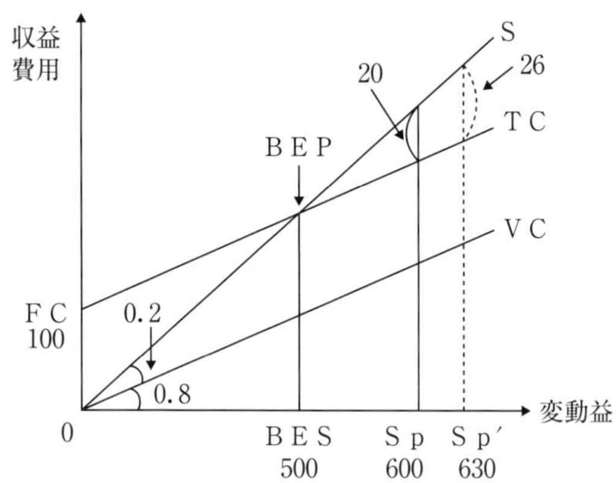

問題１－５　ＣＶＰ分析－⑶　各種指標の算定

〔解答〕

問１	安全余裕額	1,300,000円		
	安全余裕率	32.5%	損益分岐点比率	67.5%
問２	安全余裕率	25%		
問３	目標営業利益達成変動益	4,500,000円	目標営業利益達成耕地面積	4,500㎡
	経営レバレッジ係数	2.5	安全余裕率	40%

〔解説〕

問１　固定費　1,200,000円＋204,000円＝1,404,000円

変動費　430円/㎡＋50円/㎡＝480円/㎡

限界利益　1,000円/㎡－480円/㎡＝520円/㎡

限界利益率　520円/㎡÷1,000円/㎡＝0.52

損益分岐点変動益　1,404,000円÷0.52＝2,700,000円

安全余裕額　1,000円/㎡×4,000㎡－2,700,000円＝1,300,000円

安全余裕率　$\dfrac{1{,}300{,}000\text{円}}{1{,}000\text{円/㎡}\times 4{,}000\text{㎡}}\times 100\% = 32.5\%$

損益分岐点比率　$\dfrac{2{,}700{,}000\text{円}}{1{,}000\text{円/㎡}\times 4{,}000\text{㎡}}\times 100\% = 67.5\%$

又は、100％－32.5％＝67.5％

問２　安全余裕率　$\dfrac{\text{営業利益率}}{\text{限界利益率}}=\dfrac{0.13}{0.52}\times 100\% = 25\%$

問３　希望営業利益達成変動益をＡとすると

0.52Ａ＝(1,200,000円＋204,000円)＋936,000円　　Ａ＝4,500,000円

4,500,000円÷1,000円/㎡＝4,500㎡

経営レバレッジ係数　$\dfrac{\text{限界利益}}{\text{営業利益}}=\dfrac{4{,}500{,}000\text{円}\times 0.52}{936{,}000\text{円}}=2.5$

安全余裕率　$\dfrac{4{,}500{,}000\text{円}-2{,}700{,}000\text{円}}{4{,}500{,}000\text{円}}\times 100\% = 40\%$

又は、１÷2.5×100％＝40％

問題１－６　ＣＶＰ分析－⑷　限界利益図表の作成①（製品が１種類の場合）

〔解答〕

問１　損益分岐点変動益　2,700,000円　　損益分岐点耕地面積　2,700㎡

問２

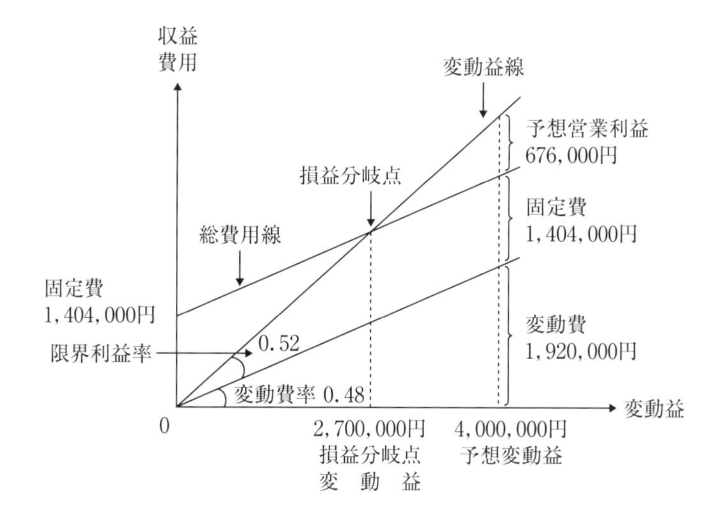

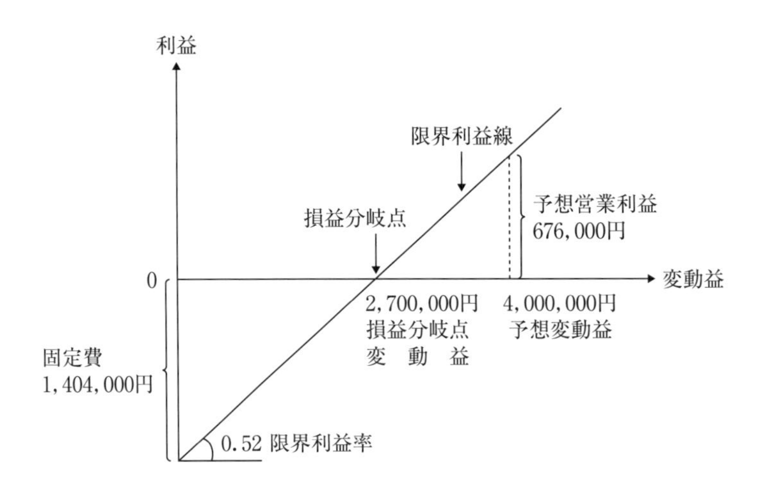

〔解説〕

限　界　利　益　率　$1-\dfrac{430円/㎡+50円/㎡}{1,000円/㎡}=0.52$

損益分岐点変動益　$\dfrac{1,200,000円+204,000円}{0.52}=2,700,000円$

損益分岐点耕地面積　2,700,000円÷1,000円/㎡＝2,700㎡

問題1－7　CVP分析－(5)　限界利益図表の作成②（製品が2種類以上の場合）

〔解答〕

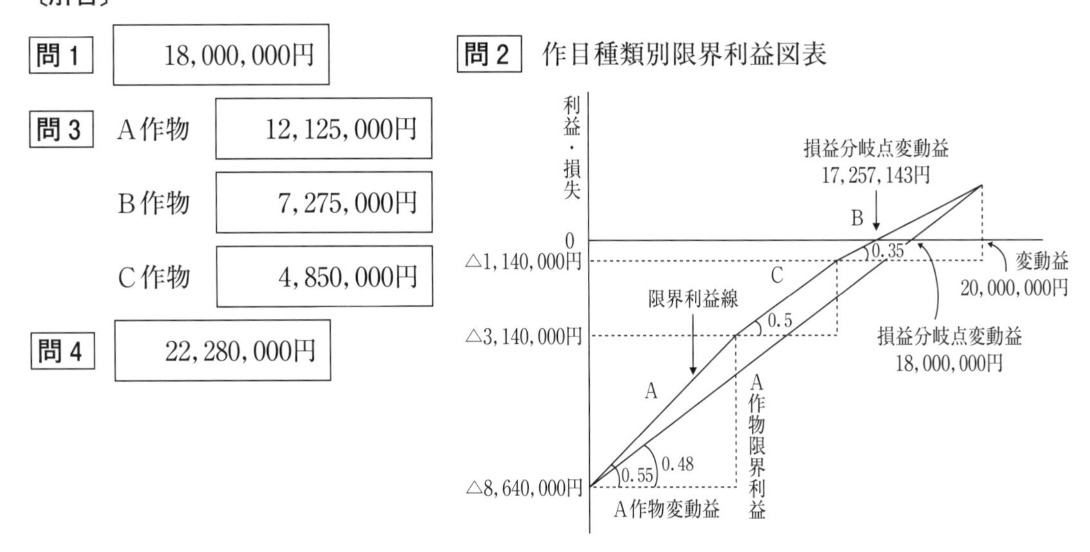

〔解説〕

問１

Ａ作物の限界利益率　5,500,000円÷10,000,000円＝0.55

Ｂ作物の限界利益率　2,100,000円÷6,000,000円＝0.35

Ｃ作物の限界利益率　2,000,000円÷4,000,000円＝0.5

$$\text{加重平均限界利益率} = 0.55 \times \frac{10,000,000\text{円}}{20,000,000\text{円}} + 0.35 \times \frac{6,000,000\text{円}}{20,000,000\text{円}} + 0.5 \times \frac{4,000,000\text{円}}{20,000,000\text{円}}$$

$$= 0.48$$

$$\text{変動益} = \frac{\text{固　定　費}}{\text{限界利益率}} = \frac{8,640,000\text{円}}{0.48} = 18,000,000\text{円}$$

問２

会社全体の固定費8,640,000円の点から出発して、限界利益率の大きい作物から図に書き入れていく。

限界利益率の大きい作物から販売した場合の損益分岐点変動益

Ａ作物の限界利益　20,000,000円×0.5×0.55＝5,500,000円

Ｃ作物の限界利益　20,000,000円×0.2×0.5＝2,000,000円

Ｂ作物の要回収額及び変動益

8,640,000円－(5,500,000円＋2,000,000円)＝1,140,000円（要回収額）

$$\frac{1,140,000\text{円}}{0.35} = 3,257,142.85\cdots\text{円}$$（変動益）（円未満四捨五入）

よって、20,000,000円×(0.5＋0.2)＋3,257,143円＝17,257,143円（損益分岐点変動益）

問３

１．加重平均限界利益によって固定費と利益3,000,000円を回収すればよいので、

総変動益×加重平均限界利益率＝固定費＋利益

となる。

$$\text{総変動益} = \frac{\text{固定費}+\text{利益}}{\text{加重平均限界利益率}} = \frac{8,640,000\text{円}+3,000,000\text{円}}{0.48} = 24,250,000\text{円}$$

２．作目別変動益

Ａ作物　24,250,000円×0.5＝12,125,000円

Ｂ作物　24,250,000円×0.3＝7,275,000円

Ｃ作物　24,250,000円×0.2＝4,850,000円

問４

Ａ作物は、需要量が確定しているため、残りの作物のうち、限界利益率の高いＣ作物のみを生産販売する。

(1)　Ａ作物の限界利益額

20,000,000円×0.5×0.55＝5,500,000円

(2)　Ｃ作物の要回収額及び変動益

8,640,000円＋3,000,000円－5,500,000円＝6,140,000円（要回収額）

$\frac{6,140,000円}{0.5}$＝12,280,000円（変動益）

(3)　総変動益

20,000,000円×0.5＋12,280,000円＝22,280,000円

問題１－８　ＣＶＰ分析－(6)　損益分岐点の算定（製品が２種類以上の場合）

〔解答〕

問１　65,000,000円

Ａ作物　4,875㎡　　Ｂ作物　2,000㎡

問２　63,050,000円

Ａ作物　3,783㎡　　Ｂ作物　2,522㎡

〔解説〕

問１

Ａ作物の１㎡当たり限界利益　8,000円/㎡－4,520円/㎡＝3,480円/㎡

Ａ作物の限界利益率　3,480円/㎡÷8,000円/㎡＝0.435

Ｂ作物の１㎡当たり限界利益　13,000円/㎡－5,720円/㎡＝7,280円/㎡

Ｂ作物の限界利益率　7,280円/㎡÷13,000円/㎡＝0.56

加重平均限界利益率　$0.435\times\frac{3}{3+2}+0.56\times\frac{2}{3+2}=0.485$

損益分岐点変動益　31,525,000円÷0.485＝65,000,000円

Ａ作物耕地面積　65,000,000円×$\frac{3}{3+2}$÷8,000円/㎡＝4,875㎡

Ｂ作物耕地面積　65,000,000円×$\frac{2}{3+2}$÷13,000円/㎡＝2,000㎡

問2

A作物が3㎡とB作物が2㎡で1単位とする。

1単位当たりの限界利益率

(3,480円/㎡×3㎡+7,280円/㎡×2㎡)÷(8,000円/㎡×3㎡+13,000円/㎡×2㎡)

=0.5

損益分岐点変動益　31,525,000円÷0.5=63,050,000円

A作物耕地面積　$\dfrac{63,050,000円}{8,000円/㎡\times 3㎡+13,000円/㎡\times 2㎡}\times 3㎡=3,783㎡$

B作物耕地面積　$\dfrac{63,050,000円}{8,000円/㎡\times 3㎡+13,000円/㎡\times 2㎡}\times 2㎡=2,522㎡$

問題1－9　CVP分析－(7)　利益計画図表の作成

〔解答〕

問1

目標営業利益率達成変動益	5,200,000円	目標営業利益率達成耕地面積	5,200㎡

問2

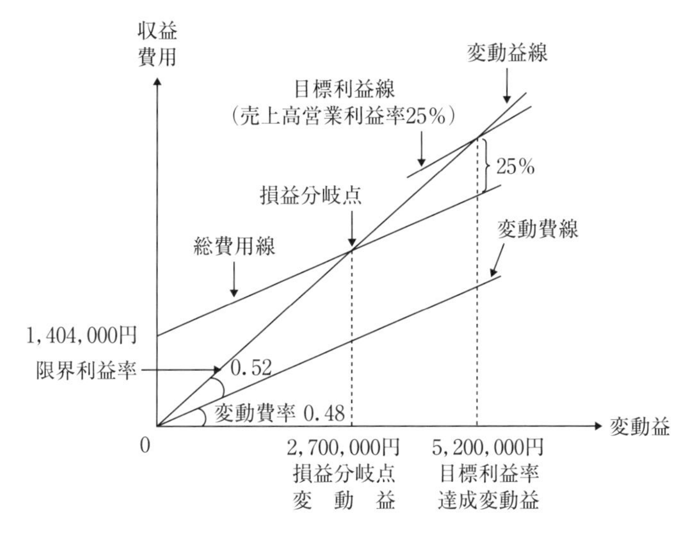

問3

目標営業利益額達成変動益	5,000,000円	目標営業利益額達成耕地面積	5,000㎡

問4

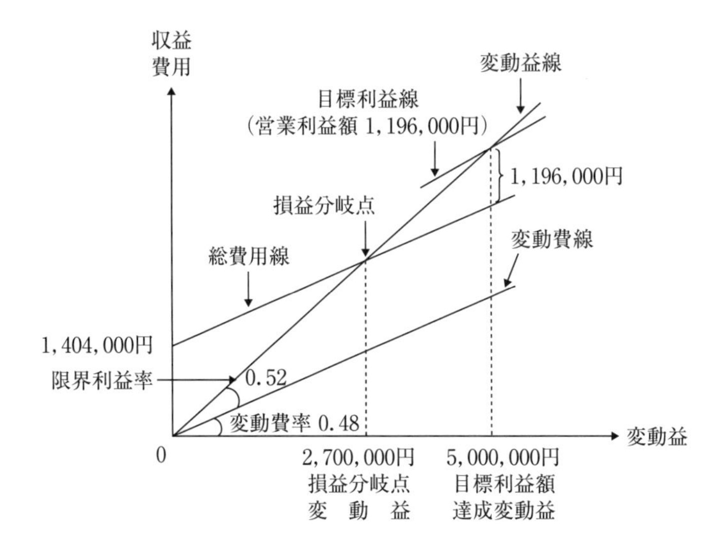

〔解説〕

問1　0.52A＝(1,200,000円＋204,000円)＋0.25A　　A＝5,200,000円

5,200,000円÷1,000円/㎡＝5,200㎡

問3　0.52A＝(1,200,000円＋204,000円)＋1,196,000円　　A＝5,000,000円

5,000,000円÷1,000円/㎡＝5,000㎡

問題1－10　ＣＶＰＣ分析

〔解答〕

問1	資本回収点変動益	9,900,000円
問2	目標資本利益率達成変動益	16,000,000円
	資本回転率	1.364回転
	変動益利益率	7.331%

〔解説〕

問１

$$\text{資本回収点変動益} = \frac{6,930\text{千円}}{1 - \frac{(11,190\text{千円} - 6,930\text{千円})}{14,200\text{千円}}} = \frac{6,930\text{千円}}{0.7} = 9,900\text{千円}$$

問２

$$\text{変動的資本率} = \frac{11,190\text{千円} - 6,930\text{千円}}{14,200\text{千円}} = 0.3$$

$$\text{目標資本利益率達成変動益} = \frac{3,307\text{千円} + 0.1 \times 6,930\text{千円}}{1 - 0.72 - 0.1 \times 0.3} = 16,000\text{千円}$$

$$\text{資本回転率} = \frac{16,000\text{千円}}{0.3 \times 16,000\text{千円} + 6,930\text{千円}} = 1.3640\cdots\cdots\text{回転}$$

$$\text{変動益利益率} = \frac{(1 - 0.72) \times 16,000\text{千円} - 3,307\text{千円}}{16,000\text{千円}} \times 100\% = 7.33125\%$$

＜参考＞

損益計算書	（単位：千円）		変動的資本	0.3Ｓ
変動益	Ｓ		固定的資本	6,930
変動費	0.72Ｓ		総資本	0.3Ｓ＋6,930
限界利益	0.28Ｓ	総資本×10%＝利益		
固定費	3,307			
営業利益	0.28Ｓ－3,307			

$0.1 \times (0.3S + 6,930) = 0.28S - 3,307$　→　これを解くとＳ＝16,000となる。

第２章　直接原価計算

問題２－１　損益計算書の作成

〔解答・解説〕

損　益　計　算　書　（単位：円）

Ⅰ　変動益		*1 750,000
Ⅱ　変動売上原価		
1　期首製品棚卸高	*2 11,000	
2　当期製品製造原価	*3 272,250	
計	283,250	
3　期末製品棚卸高	*4 8,250	275,000
製造マージン		475,000
Ⅲ　変動販売費		*5 25,000
限界利益		450,000
Ⅳ　固定費		
1　製造原価	250,000	
2　販管費	150,000	400,000
営業利益		50,000

＊１：変動益　1,500円/頭×500頭＝750,000円

＊２：期首製品棚卸高　(400円/頭＋100円/頭＋50円/頭)×20頭＝11,000円

＊３：当期製品製造原価　(400円/頭＋100円/頭＋50円/頭)×495頭＝272,250円

＊４：期末製品棚卸高　(400円/頭＋100円/頭＋50円/頭)×15頭＝8,250円

＊５：変動販売費　50円/頭×500頭＝25,000円

問題２－２　固定費調整（実際全部原価計算と実際直接原価計算）

〔解答〕（単位：円）

全部原価計算方式の損益計算書

Ⅰ　売上高		（16,320,000）
Ⅱ　売上原価		
1．期首製品棚卸高	（0）	
2．当期製品製造原価	（11,092,300）	
合計	（11,092,300）	
3．期末製品棚卸高	（0）	（11,092,300）
売上総利益		（5,227,700）
Ⅲ　販売費及び一般管理費		
1．販売費	（2,450,000）	
2．一般管理費	（1,775,000）	（4,225,000）
営業利益		（1,002,700）

直接原価計算方式の損益計算書

Ⅰ　売上高		（16,320,000）
Ⅱ　変動売上原価		
1．期首製品棚卸高	（0）	
2．当期製品製造原価	（8,866,600）	
合計	（8,866,600）	
3．期末製品棚卸高	（0）	（8,866,600）
限界利益		（7,453,400）
Ⅲ　固定費		
1．固定費	（2,375,100）	
2．販売費	（2,450,000）	
3．一般管理費	（1,775,000）	（6,600,100）
営業利益		（853,300）

固定費調整の実施

営業利益（直接原価計算）		（853,300）
Ⅳ．固定費調整		
期末棚卸資産固定加工費	（783,000）	
期首棚卸資産固定加工費	（633,600）	（149,400）
営業利益（全部原価計算）		（1,002,700）

〔解説〕

1．当期総飼育日数の計算

340頭×150日＋180頭×100日－160頭×90日＝54,600日

2．家畜１頭１日当たりの加工費の計算

変動加工費：2,784,600円÷54,600日＝51円/日

固定加工費：2,375,100円÷54,600日＝43.5円/日

3．期末棚卸資産の計算

(1)　期末仕掛品原価

素　畜　費：3,240,000円（問題文より）

変動加工費：51円/日×180頭×100日＝918,000円

固定加工費：43.5円/日×180頭×100日＝783,000円

(2)　期末製品原価

素　畜　費：０円

変動加工費：０円

固定加工費：０円

4．当期製品製造原価の計算

素　畜　費：3,040,000円＋6,480,000円－3,240,000円＝6,280,000円

変動加工費：720,000円＋2,784,600円－918,000円＝2,586,600円

固定加工費：633,600円＋2,375,100円－783,000円＝2,225,700円

全部原価計算の場合

6,280,000円＋2,586,600円＋2,225,700円＝11,092,300円

直接原価計算の場合

6,280,000円＋2,586,600円＝8,866,600円

5．売上高の算定

48,000円/頭×340頭＝16,320,000円

問題2－3　セグメント別損益計算書の作成

〔解答・解説〕

損益計算書　(単位：円)

	X 作 目	Y 作 目	合 計
Ⅰ 変動益	＊1 48,000,000	36,000,000	84,000,000
Ⅱ 変動売上原価	＊2 35,040,000	22,860,000	57,900,000
製造マージン	12,960,000	13,140,000	26,100,000
Ⅲ 変動販売費	＊3 2,800,000	1,080,000	3,880,000
限界利益	10,160,000	12,060,000	22,220,000
Ⅳ 個別固定費	3,500,000	3,000,000	6,500,000
作目別利益 (セグメント・マージン)	6,660,000	9,060,000	15,720,000
Ⅴ 共通固定費			
1. 製造費			5,000,000
2. 販売費			2,000,000
3. 一般管理費			3,000,000
営業利益			5,720,000

＊1：6,000円/㎡×8,000㎡＝48,000,000円

＊2：(2,400円/㎡＋720円/㎡＋180円/㎡＋720円/㎡×150%)×8,000㎡＝35,040,000円

＊3：350円/㎡×8,000㎡＝2,800,000円

第３章　意思決定会計

問題３－１　機会原価

〔解答〕

Ａ案の機会原価　（　500　）万円

Ｂ案の機会原価　（　400　）万円

Ｃ案の機会原価　（　500　）万円

したがって、（ Ｂ ）案が最も有利である。

〔解説〕

機会原価とは、特定の代替案を選択した結果として失うこととなった機会（その代替案）から得られたであろう最大の利益額である。

１．各代替案の利益

Ａ案の利益：1,000万円－700万円＝300万円

Ｂ案の利益：1,500万円－1,000万円＝500万円

Ｃ案の利益：1,300万円－900万円＝400万円

２．各代替案の機会原価

Ａ案を選択した場合、Ｂ案とＣ案を断念することになる。そして、Ｂ案から得られたであろう利益は500万円、Ｃ案から得られたであろう利益は400万円であるから、Ａ案の機会原価は500万円である。

Ｂ案を選択した場合、Ａ案とＣ案を断念することになる。そして、Ａ案から得られたであろう利益は300万円、Ｃ案から得られたであろう利益は400万円であるから、Ｂ案の機会原価は400万円である。

Ｃ案を選択した場合、Ａ案とＢ案を断念することになる。そして、Ａ案から得られたであろう利益は300万円、Ｂ案から得られたであろう利益は500万円であるから、Ｃ案の機会原価は500万円である。

問題３－２　プロダクト・ミックス

〔解答〕

作物Ａ	０ａ	作物Ｂ	867ａ	貢献利益	20,800千円

目的関数	Max Z = Max（120Ａ＋240Ｂ）
制約条件	Ａ＋Ｂ≦100
	50Ａ＋40Ｂ≦4,000
	100Ａ＋120Ｂ≦10,400
非負条件	Ａ≧０
	Ｂ≧０

〔解説〕

図解と端点解による解答

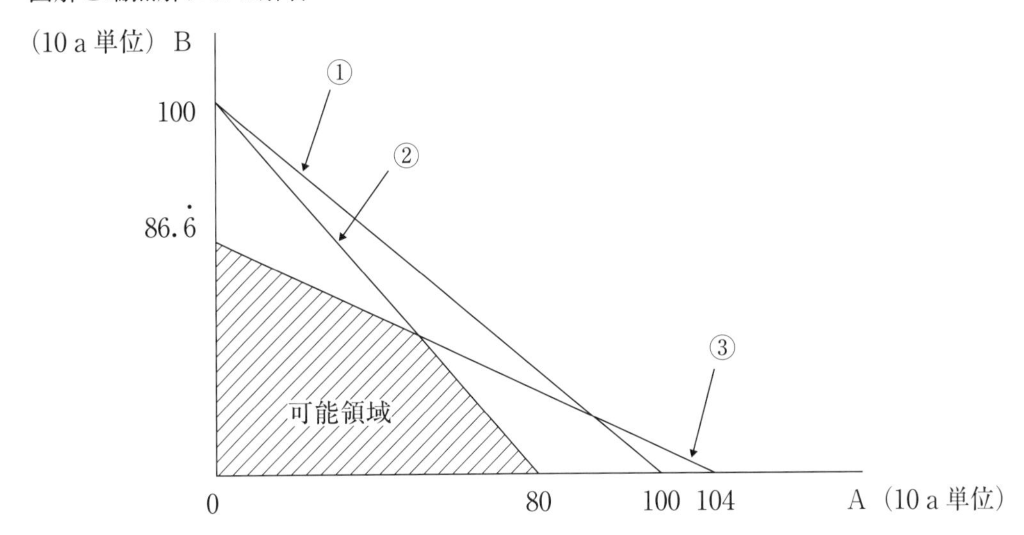

Ａ＋Ｂ≦100…①

50Ａ＋40Ｂ≦4,000…②

100Ａ＋120Ｂ≦10,400…③

Ａ＝０、Ｂ＝86.6̇が最適解となる。

120千円/10ａ×０＋240千円/10ａ×86.6̇＝20,800千円

問題3－3　セグメントの継続か廃止かの意思決定

〔解答〕

{継続 / ~~廃止~~} する方が（　780,000　）円有利なので {継続 / ~~廃止~~} すべきである。

〔解説〕

A作物の見積損益計算書

	継続案	廃止案
変動益	20,000,000円	—
変動売上原価	[*1]10,500,000円	—
変動製造マージン	9,500,000円	—
変動販売費	[*2]800,000円	—
限界利益	8,700,000円	—
節約可能個別固定費	[*5]7,920,000円	—
貢献利益	780,000円	—
節約不能個別固定費	[*4]1,980,000円	[*4]1,980,000円
事業部利益	－1,200,000円	－1,980,000円
共通費配賦額	[*3]1,800,000円	[*3]1,800,000円
営業利益	－3,000,000円	－3,780,000円

＊1：15,000,000円×（1－0.3）＝10,500,000円

＊2：8,000,000円×（1－0.9）＝800,000円

＊3：8,000,000円×0.9×0.25＝1,800,000円

＊4：（15,000,000円×0.3＋8,000,000円×0.9－1,800,000円）×0.2＝1,980,000円

＊5：（15,000,000円×0.3＋8,000,000円×0.9－1,800,000円）×（1－0.2）＝7,920,000円

したがって、A作物を継続した方が780,000円｛＝－3,000,000円－（－3,780,000円）｝有利である。

なお、継続案の損益計算書のみを作成し、貢献利益が780,000円（＞0）なので、継続した方が780,000円有利と判断してもよい。

問題3－4　受注可否の意思決定

〔解答〕

（　350,000　）円有利なため、新規注文を受ける（　べきである　・　~~べきではない~~　）。

〔解説〕

固定費は埋没原価となる。

差額収益：1,000円/kg×500kg＝500,000円

差額原価：300円/kg×500kg＝150,000円

差額利益：500,000円－150,000円＝350,000円

以上より、350,000円有利なため、新規注文を受けるべきである。

問題3－5　追加加工の可否の意思決定(1)

〔解答〕

農産物［　甲　、　丙　］は追加加工を行うべきである。

〔解説〕

3種類の農産物で共通に発生する原価は埋没原価となる。

農産物甲：(2,000円/kg－1,500円/kg)×1,000kg－250,000円＝＋250,000円

農産物乙：(2,200円/kg－2,000円/kg)×200kg－100,000円＝△60,000円

農産物丙：(1,000円/kg－800円/kg)×500kg－90,000円＝＋10,000円

以上より、追加加工によって差額利益がプラスになるのは農産物甲と丙である。よって、農産物甲と丙は追加加工を行うべきと結論付けられる。

問題3－6　追加加工の可否の意思決定(2)

〔解答〕

問1　畜産物別損益計算書（単位：円）

	畜 産 物 A	畜 産 物 B
変　動　益	3,600,000	5,000,000
売 上 原 価	3,131,840	4,375,200
利　　　益	468,160	624,800

問2　畜産物別損益計算書（単位：円）

	畜 産 物 A	畜 産 物 B
変　動　益	2,580,000	3,600,000
売 上 原 価	2,136,240	2,980,800
利　　　益	443,760	619,200

問3　畜産物Aは、（　追加加工の上　・　~~追加加工をせず~~　）販売し、

畜産物Bは、（　~~追加加工の上~~　・　追加加工をせず　）販売するべきである。

このときの利益は　1,142,960円となる。

〔解説〕

問1

1．結合原価の按分

(1)　各連産品の正常市価

畜産物A　3,600千円－940千円＝2,660,000円

畜産物B　5,000千円－1,450千円＝3,550,000円

(2)　結合原価の按分

畜産物A　5,117,040円÷(2,660,000円＋3,550,000円)×2,660,000円
＝2,191,840円

畜産物B　5,117,040円÷(2,660,000円＋3,550,000円)×3,550,000円
＝2,925,200円

2．売上原価

畜産物A　2,191,840円＋940千円＝3,131,840円

畜産物B　2,925,200円＋1,450千円＝4,375,200円

問２

結合原価の按分

⑴　各畜産物の正常市価（変動益高）

畜産物Ａ　430円/kg×6,000kg＝2,580,000円

畜産物Ｂ　360円/kg×10,000kg＝3,600,000円

⑵　結合原価の按分（売上原価）

畜産物Ａ　5,117,040円÷(2,580,000円＋3,600,000円)×2,580,000円＝2,136,240円

畜産物Ｂ　5,117,040円÷(2,580,000円＋3,600,000円)×3,600,000円＝2,980,800円

問３

１．差額原価収益分析（単位：円）

	Ａを追加加工するか否か		Ｂを追加加工するか否か	
	連産品Ａ	製品Ａ	連産品Ｂ	製品Ｂ
差額収益	＊1 2,580,000	＊2 3,600,000	＊1 3,600,000	＊2 5,000,000
差額原価	＊3 —	＊4 940,000	＊3 —	＊4 1,450,000
差額利益	2,580,000	2,660,000	3,600,000	3,550,000

＊１：連産品として販売するときの変動益

＊２：製品として販売するときの変動益

＊３：追加加工を行わないので、発生を回避できる。

＊４：追加加工費

なお、連産品Ａ及びＢの原価である結合原価は、連産品を追加加工するしないに関係なく発生するものであり、意思決定に関係しない原価である（これを埋没原価という）。

Ａを追加加工するか否かについては、追加加工の上、畜産物Ａとして販売するほうが、80,000円（＝2,660,000円－2,580,000円）有利である。

Ｂを追加加工するか否かについては、追加加工をせず、畜産物Ｂのまま販売するほうが、50,000円（＝3,600,000円－3,550,000円）有利である。

２．畜産物Ａを追加加工し、畜産物Ｂをそのまま販売するときの利益

両方とも追加加工して販売する場合の利益（**問１**の利益）に、Ｂを追加加工せずにそのまま販売するときの差額利益50,000円を加算すればよい。

したがって、

468,160円(Ａ)＋624,800円(Ｂ)＋50,000円(差額利益)＝1,142,960円

問題３－７　内製か購入かの意思決定

〔解答〕

飼料を自製する方が（　300,000　）円（　有利　・　~~不利~~　）である。

〔解説〕

１．飼料を自製した場合の差額原価

(1)　変動費

50円/kg×10,000kg＝500,000円

(2)　固定費

節約可能固定費のみ差額原価になる。

節約可能固定費：4,000,000円×80％＝3,200,000円

(3)　合計

500,000円＋3,200,000円＝3,700,000円

２．流通飼料を購入した場合の差額原価

400円/kg×10,000kg＝4,000,000円

３．差額利益の算定

4,000,000円－3,700,000円＝300,000円（自製のほうが有利である）

問題３－８　価格決定

〔解答〕

問１	2,000円	問２	25％
問３	2,000円	問４	81.82％

〔解説〕

問１

１．農産物Ａの単位当たり総原価

製造原価　300円/個＋500円/個＋200円/個＋1,200,000円÷4,000個＝1,300円/個

販 管 費　100円/個＋800,000円÷4,000個＝300円/個

合　　計　1,300円/個＋300円/個＝1,600円/個

２．農産物Ａの単位当たり所要利益

1,600,000円÷4,000個＝400円/個

３．農産物Ａの販売単価

1,600円/個＋400円/個＝2,000円/個

問２

マーク・アップ率をｘとおくと、

1,600円/個×（１＋ｘ）＝2,000円/個

これを解いて、ｘ＝0.25　→　25％

問３

１．農産物Ａの単位当たり変動費

300円/個＋500円/個＋200円/個＋100円/個＝1,100円/個

２．農産物Ａの単位当たり目標限界利益

（1,200,000円＋800,000円＋1,600,000円）÷4,000個＝900円/個

３．農産物Ａの販売単価

1,100円/個＋900円/個＝2,000円/個

問４

マーク・アップ率をｙとおくと、

1,100円/個×（１＋ｙ）＝2,000円/個

これを解いて、ｙ＝0.81818…　→　81.82％

問題３－９　資本コスト

〔解答〕

（　　8.54　　）％

〔解説〕

１．問題文にある留保利益の資本コスト（10％）について

留保利益は負債や新株発行と違って外部から調達したものではないのだから、利息や配当金の支払が不要である。したがって、資本コストは０％であると考えてしまうかも知れない。

しかし、例えばこの留保利益を株主に配当し、その株主が証券に投資等を行っていたとすれば、その分の金融収益が得られたはずである。すなわち留保利益の資本コストは、上記のような配当を再投資することにかかわる機会原価である。

2．税引後加重平均資本コストの計算

	資本構成比		源泉別税引後資本コスト		
長期借入金	15%	×	6％×（1－0.4）	＝	0.54%
社　　債	25%	×	8％×（1－0.4）	＝	1.2 %
新株発行	40%	×	12%	＝	4.8 %
留保利益	20%	×	10%	＝	2.0 %
	100%				8.54%

3．他人資本（負債）の税引後資本コスト算定について

他人資本の税引後資本コスト算定において、税引前資本コストに（1－法人税率）を乗じている。これは、他人資本の資本コスト（支払利息、社債利息）は、税法上損金に算入されるため、税引前資本コストに税率を乗じた額だけ企業のコスト負担を軽減するからである。

例えば、長期借入金の税引前資本コスト（借入金利）は６％であるから、当年度の支払利息は90百万円（＝1,500百万円×0.06）である。しかし、これは損金算入され、この分だけ当社の課税所得が減少する。つまり、36百万円（＝90百万円×0.4）だけ税金の支払いが軽減されるのである。したがって、当社が実際に負担するコストは、54百万円｛＝90百万円×（1－0.4)｝となる。

問題３－10　正味現在価値法と現在価値指数法（収益性指数法）

〔解答〕

問１　Ａ案の正味現在価値：（　2,191.05　）千円

Ｂ案の正味現在価値：（　2,545.12　）千円

したがって、（ Ｂ ）案の方が（　354.07　）千円有利である。

問２　Ａ案の現在価値指数：（　124.3　）％

Ｂ案の現在価値指数：（　121.2　）％

したがって、（ Ａ ）案の方が（　3.1　）％有利である。

〔解説〕

問１

１．Ａ案の正味現在価値

－9,000千円＋4,500千円×2.4869＝2,191.05千円

２．Ｂ案の正味現在価値

－12,000千円＋6,000千円×0.9091＋7,000千円×0.8264＋(3,400千円＋1,000千円)

×0.7513＝2,545.12千円

３．結論

Ｂ案の方が354.07千円（＝2,545.12千円－2,191.05千円）有利である。

問２

１．Ａ案の現在価値指数

4,500千円×2.4869÷9,000千円×100％＝124.3~~4…~~％

２．Ｂ案の現在価値指数

{6,000千円×0.9091＋7,000千円×0.8264＋(3,400千円＋1,000千円)×0.7513}

÷12,000千円×100％＝121.2~~0…~~％

３．結論

Ａ案の方が3.1％（＝124.3％－121.2％）有利である。

問題３－11　内部利益率法

〔解答〕

Ａ案の内部利益率：(　　23.4　　)％

Ｂ案の内部利益率：(　　22.3　　)％

したがって、(　Ａ　)案の方が(　　1.1　　)％有利である。

〔解説〕

1．A案の内部利益率

$$9{,}000\text{千円}=\frac{4{,}500\text{千円}}{1+\rho}+\frac{4{,}500\text{千円}}{(1+\rho)^2}+\frac{4{,}500\text{千円}}{(1+\rho)^3}$$となる ρ（内部利益率）を求める。

ρ ＝23％のとき、4,500千円×2.0114＝9,051.3千円 ←┐
　　　　　　　　　　　　　　　　　　　　　　　　　　　　　│この間
ρ ＝24％のとき、4,500千円×1.9813＝8,915.85千円 ←┘

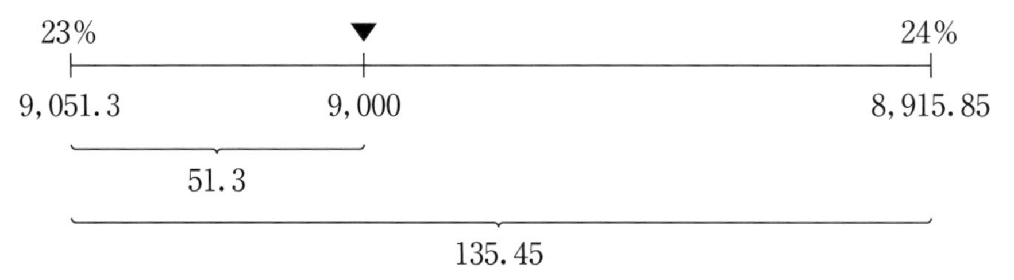

$$\text{内部利益率}=23\%+\frac{51.3}{135.45}\%=23.\overset{4}{\cancel{37}}\cdots\%$$

2．B案の内部利益率

$$12{,}000\text{千円}=\frac{6{,}000\text{千円}}{1+\rho}+\frac{7{,}000\text{千円}}{(1+\rho)^2}+\frac{3{,}400\text{千円}+1{,}000\text{千円}}{(1+\rho)^3}$$

となる ρ（内部利益率）を求める。

ρ ＝22％のとき、6,000千円×0.8197＝　4,918.2　千円
　　　　　　　　　　7,000千円×0.6719＝　4,703.3　千円
　　　　　　　　　　4,400千円×0.5507＝　2,423.08千円
　　　　　　　　　　　　　　　　　　　　12,044.58千円 ←┐
　　　　　　　　　　　　　　　　　　　　　　　　　　　　　│この間
ρ ＝23％のとき、6,000千円×0.8130＝　4,878　　千円
　　　　　　　　　　7,000千円×0.6610＝　4,627　　千円
　　　　　　　　　　4,400千円×0.5374＝　2,364.56千円
　　　　　　　　　　　　　　　　　　　　11,869.56千円 ←┘

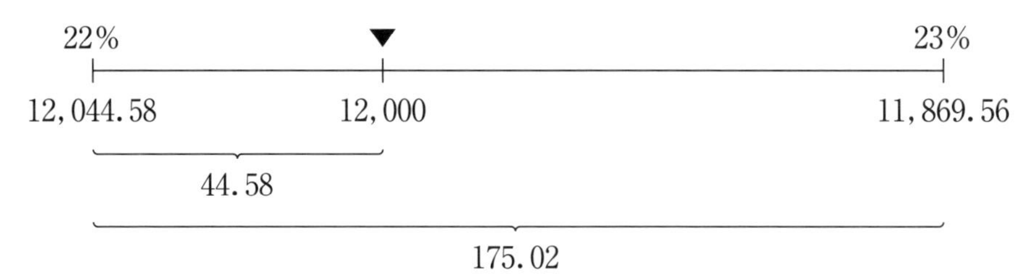

$$\text{内部利益率}=22\%+\frac{44.58}{175.02}\%=22.\overset{3}{\cancel{25}}\cdots\%$$

3．結論

A案の内部利益率は23.4％であり、B案の内部利益率は22.3％である。

したがって、A案の方が1.1％（＝23.4％－22.3％）有利である。

問題3－12　回収期間法

〔解答〕

A案の回収期間：(　　2.0　　) 年

B案の回収期間：(　　1.9　　) 年

したがって、(B) 案の方が (　　0.1　　) 年有利である。

〔解説〕

1．A案の回収期間

		回収額累計		投資額
1年後の回収額	4,500千円	4,500千円	<	9,000千円
2年後の回収額	4,500千円	9,000千円	＝	9,000千円

回収期間＝2年

2．B案の回収期間

		回収額累計		投資額
1年後の回収額	6,000千円	6,000千円	<	12,000千円
2年後の回収額	7,000千円	13,000千円	>	12,000千円

$$回収期間 = 1年 + (2年 - 1年) \times \frac{12,000千円 - 6,000千円}{7,000千円} = 1.\overset{9}{\not{8}\not{5}}\cdots年$$

3．結論

A案の回収期間は2.0年であり、B案の回収期間は1.9年である。

したがって、B案の方が0.1年（＝2.0年－1.9年）有利である。

問題3－13　投資利益率法（会計的利益率法）

〔解答〕

問1　A案の投資利益率：(　　20　　) ％

B案の投資利益率：(　　27.3　　) ％

したがって、(B) 案の方が (　　7.3　　) ％有利である。

問2　A案の投資利益率：(　　10　　) ％

B案の投資利益率：(　　15　　) ％

したがって、(B) 案の方が (　　5　　) ％有利である。

〔解説〕

問１

１．年々の税引後利益

	A　案	B　案
年々の利益	40億円	68億円
減価償却費	15億円	*1 18億円
税引前利益	25億円	50億円
法　人　税	*2 10億円	20億円
税引後利益	15億円	30億円

＊１：200億円×0.9÷10＝18億円　　＊２：25億円×0.4＝10億円

２．平均投資額の算定

A案：150億円÷２＝75億円　　B案：(200億円－20億円)÷２＋20億円＝110億円

３．平均投資利益率の算定

A案：$\frac{15億円}{75億円}\times 100\% = 20\%$

B案：$\frac{30億円}{110億円}\times 100\% = 27.27\cdots\%$

４．結論　B案の方が7.3％（＝27.3％－20％）有利である。

問２

１．年々の税引後利益：**問１**と同じ。

２．総投資額

A案：150億円　　B案：200億円

３．総投資利益率の算定

A案：$\frac{15億円}{150億円}\times 100\% = 10\%$

B案：$\frac{30億円}{200億円}\times 100\% = 15\%$

４．結論　B案の方が５％（＝15％－10％）有利である。

問題3－14　キャッシュ・フローの把握(1)（新規投資1・収益有り1）

〔解答〕

問1

	現　在	1年後（第1期末）	2年後（第2期末）
A機械案	－20,000千円	10,500千円	10,500千円
B機械案	－30,000千円	15,500千円	19,000千円

問2

	現　在	1年後（第1期末）	2年後（第2期末）
A機械案	－20,000千円	9,825千円	10,725千円
B機械案	－30,000千円	14,600千円	17,875千円

問3

A機械案　－636.9275千円　　B機械案　565.125千円

したがって、{~~A機械案~~／B機械案}を採用すべきである。（不要な語句を二重線で消去しなさい）

問4

A機械案　96.8%　　B機械案　101.9%

したがって、{~~A機械案~~／B機械案}を採用すべきである。（不要な語句を二重線で消去しなさい）

問5

A機械案　1.8%　　B機械案　5.3%

したがって、{~~A機械案~~／B機械案}を採用すべきである。（不要な語句を二重線で消去しなさい）

問6

A機械案　1.95年　　B機械案　1.86年

したがって、{~~A機械案~~／B機械案}を採用すべきである。（不要な語句を二重線で消去しなさい）

〔解説〕

問１

１．Ａ機械案の年々の税引前正味現金流出入額（単位：千円）

		現時点	１年期末	２年期末
	処分価値			0
In	*現金収入収益－現金支出費用		10,500	10,500
Out	取得原価	20,000		
Net		－20,000	10,500	10,500

＊：4,500円/kg×10,000kg－(2,800円/kg×10,000kg＋6,500千円)＝10,500千円

２．Ｂ機械案の年々の税引前正味現金流出入額（単位：千円）

		現時点	１年期末	２年期末
	処分価値			3,500
In	*現金収入収益－現金支出費用		15,500	15,500
Out	取得原価	30,000		
Net		－30,000	15,500	19,000

＊：4,500円/kg×15,000kg－(2,500円/kg×15,000kg＋14,500千円)＝15,500千円

問２

１．Ａ機械案の年々の税引後正味現金流出入額（単位：千円）

		現時点	１年期末	２年期末
	*3売却損に係る税減少額			900
	処分価値			0
	*2減価償却費のタックス・シールド		4,050	4,050
In	現金収入収益－現金支出費用（☆）		10,500	10,500
Out	*1☆に対する法人税等		4,725	4,725
	取得原価	20,000		
Net		－20,000	9,825	10,725

＊１：10,500千円×45％＝4,725千円

＊２：減価償却費は20,000千円×0.9÷２＝9,000千円

9,000千円×45％＝4,050千円

＊３：売却損は2,000千円　よって、2,000千円×45％＝900千円

２．Ｂ機械案の年々の税引後正味現金流出入額（単位：千円）

		現時点	１年期末	２年期末
	処分価値			3,500
	*2減価償却費のタックス・シールド		6,075	6,075
In	現金収入収益－現金支出費用（☆）		15,500	15,500
Out	*1☆に対する法人税等		6,975	6,975
	取得原価	30,000		
	*3売却益に係る税増加額			225
Net		－30,000	14,600	17,875

＊１：15,500千円×45％＝6,975千円

＊２：減価償却費は30,000千円×0.9÷２＝13,500千円

13,500千円×45％＝6,075千円

＊３：売却益は500千円　よって、500千円×45％＝225千円

問３

１．Ａ機械案の正味現在価値

－20,000千円＋9,825千円×0.9615＋10,725千円×0.9246＝－636.9275千円

２．Ｂ機械案の正味現在価値

－30,000千円＋14,600千円×0.9615＋17,875千円×0.9246＝565.125千円

３．結論

Ｂ機械案の方が有利である。

問４

１．Ａ機械案の現在価値指数

$$\frac{9,825千円\times 0.9615+10,725千円\times 0.9246}{20,000千円}=96.81\cdots\%$$

２．Ｂ機械案の現在価値指数

$$\frac{14,600千円\times 0.9615+17,875千円\times 0.9246}{30,000千円}=101.88\cdots\%$$

３．結論

Ｂ機械案の方が有利である。

cf．Ａ機械案の現在価値指数は100％未満なので、そもそも採用に値しない。

問５

１．Ａ機械案の内部利益率

r ＝１％の場合　9,825千円×0.9901＋10,725千円×0.9803＝20,241.45千円

r ＝２％の場合　9,825千円×0.9804＋10,725千円×0.9612＝19,941.3千円

$$\therefore 1\% + (2\% - 1\%) \times \frac{20{,}241.45\text{千円} - 20{,}000\text{千円}}{20{,}241.45\text{千円} - 19{,}941.3\text{千円}} = 1.8\not{0}\cdots\%$$

２．Ｂ機械案の内部利益率

r ＝５％の場合　14,600千円×0.9524＋17,875千円×0.9070＝30,117.665千円

r ＝６％の場合　14,600千円×0.9434＋17,875千円×0.8900＝29,682.39千円

$$\therefore 5\% + (6\% - 5\%) \times \frac{30{,}117.665\text{千円} - 30{,}000\text{千円}}{30{,}117.665\text{千円} - 29{,}682.39\text{千円}} = 5.\overset{3}{\not{2}\not{7}}\cdots\%$$

３．結論

Ｂ機械案の方が有利である。

cf．Ａ機械案の内部利益率は資本コストを下回っているので、そもそも採用に値しない。

問６

１．Ａ機械案の回収期間

		累計額
１年後の回収額	9,825千円	9,825千円
２年後の回収額	10,725千円	20,550千円

$$\therefore 1\text{年} + \frac{20{,}000\text{千円} - 9{,}825\text{千円}}{10{,}725\text{千円}}\text{年} = 1.9\overset{5}{\not{4}\not{8}}\cdots\text{年}$$

２．Ｂ機械案の回収期間

		累計額
１年後の回収額	14,600千円	14,600千円
２年後の回収額	17,875千円	32,475千円

$$\therefore 1\text{年} + \frac{30{,}000\text{千円} - 14{,}600\text{千円}}{17{,}875\text{千円}}\text{年} = 1.86\not{1}\cdots\text{年}$$

３．結論

Ｂ機械案の方が有利である。

問題３－15　キャッシュ・フローの把握(2)（新規投資２・収益有り２）

〔解答〕

問１

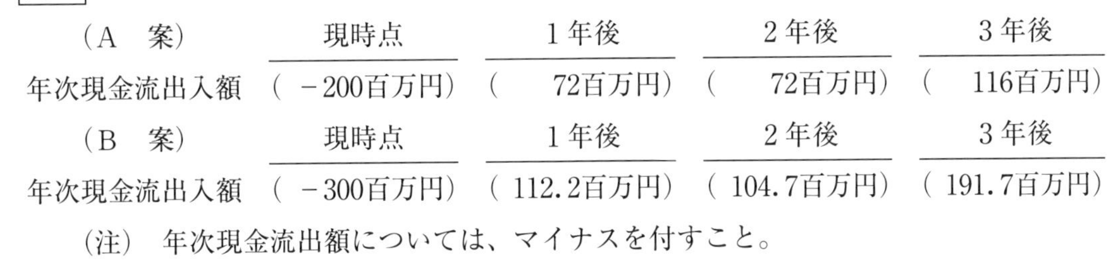

（Ａ　案）	現時点	１年後	２年後	３年後
年次現金流出入額	（ －200百万円）	（　72百万円）	（　72百万円）	（　116百万円）

（Ｂ　案）	現時点	１年後	２年後	３年後
年次現金流出入額	（ －300百万円）	（ 112.2百万円）	（ 104.7百万円）	（ 191.7百万円）

（注）　年次現金流出額については、マイナスを付すこと。

問２　（　11.58　％）

問３

	Ａ　案	Ｂ　案
正味現在価値	（　４　百万円）	（　20　百万円）
内部利益率	（　13　％）	（　15　％）

〔解説〕

問１

１．Ａ案の年々の税引後正味現金流出入額（単位：百万円）

		現時点	１年後	２年後	３年後
	＊4売却損に係る税節約額				14
	処分価値				30
	＊3減価償却費のタックス・シールド		18	18	18
In	＊1現金収入収益－現金支出費用（☆）		90	90	90
Out	＊2☆に対する法人税等		36	36	36
	取得原価	200			
Net		－200	72	72	116

＊１：1,500円/個×15万個－(700円/個×15万個＋30百万円)＝90百万円

＊２：90百万円×40％＝36百万円

＊３：減価償却費は200百万円×0.9÷４＝45百万円

45百万円×40％＝18百万円

＊４：売却損は35百万円　よって、35百万円×40％＝14百万円

２．Ｂ案の年々の税引後正味現金流出入額（単位：百万円）

		現時点	１年後	２年後	３年後
	*4売却損に係る税減少額				22.625
	処分価値				70
	*3減価償却費のタックス・シールド		30	22.5	16.875
In	*1現金収入収益－現金支出費用（☆）		137	137	137
Out	*2☆に対する法人税等		54.8	54.8	54.8
	取得原価	300			
Net		－300	112.2	104.7	191.7

＊１：2,000円/個×17万個－(900円/個×17万個＋50百万円)＝137百万円

＊２：137百万円×40％＝54.8百万円

＊３：減価償却費は１年目：300百万円×0.25＝75百万円

２年目：225百万円×0.25＝56.25百万円

３年目：168.75百万円×0.25＝42.1875百万円

それぞれに0.4を乗じたものがタックス・シールドとなる。

＊４：売却損は56.5625百万円　よって、56.5625百万円×40％＝22.625百万円

問２

資金調達源泉	調達資金量	構成比率		税引後資本コスト		
負　　　債	150百万円	15　％	×	*4.2　％	＝	0.63　％
普　通　株	750百万円	75　％	×	13　　％	＝	9.75　％
留 保 利 益	100百万円	10　％	×	12　　％	＝	1.2　％
合　　計	1,000百万円	100　％				11.58　％

＊：７％×(１－0.4)＝4.2％

問３

１．Ａ案の正味現在価値及び内部利益率の算定

⑴　正味現在価値

72百万円×0.8929＋72百万円×0.7972＋116百万円×0.7118－200百万円

＝4.256百万円

⑵　内部利益率

資本コストが13％の場合

72百万円×0.8850＋72百万円×0.7831＋116百万円×0.6931＝200.5028百万円

資本コストが14％の場合

72百万円×0.8772＋72百万円×0.7695＋116百万円×0.6750＝196.8624百万円

以上より内部利益率は

$$13\% + (14\% - 13\%) \times \frac{200.5028\text{百万円} - 200\text{百万円}}{200.5028\text{百万円} - 196.8624\text{百万円}} = 13.138\cdots\%$$

２．Ｂ案の正味現在価値及び内部利益率の算定

(1)　正味現在価値

112.2百万円×0.8929＋104.7百万円×0.7972＋191.7百万円×0.7118－300百万円

＝20.10228百万円

(2)　内部利益率

資本コストが15％の場合

112.2百万円×0.8696＋104.7百万円×0.7561＋191.7百万円×0.6575

＝302.77554百万円

資本コストが16％の場合

112.2百万円×0.8621＋104.7百万円×0.7432＋191.7百万円×0.6407

＝297.36285百万円

以上より内部利益率は

$$15\% + (16\% - 15\%) \times \frac{302.77554\text{百万円} - 300\text{百万円}}{302.77554\text{百万円} - 297.36285\text{百万円}} = 15.512\cdots\%$$

問題3－16　キャッシュ・フローの把握(3)（新規投資3・原価のみ1）

〔解答〕

問1

	現在（第0期末）	1年後（第1期末）	2年後（第2期末）
購入案	－82,000千円	－3,120千円	53,880千円
賃借案	－4,200千円	－15,000千円	－13,200千円

問2

	現在（第0期末）	1年後（第1期末）	2年後（第2期末）
購入案	－81,100千円	3,009千円	60,909千円
賃借案	－4,200千円	－7,710千円	－5,910千円

問3

{~~購入案~~／賃借案}の方が　4,813千円　有利なので、{~~購入案~~／賃借案}を採用すべきである。

（不要な語句を二重線で消去しなさい）

問4

	現在（第1期首）	1年後（第1期末）	2年後（第2期末）
購入案	－82,000千円	3,909千円	60,909千円
賃借案	－4,200千円	－7,710千円	－5,910千円

〔解説〕

問１

１．購入案の年々の税引前正味現金流出入額（単位：千円）

		第０期末	第１期末	第２期末
In	処分価値			57,000
Out	*現金支出費用		3,120	3,120
	取得原価	80,000		
	不動産取得に関する租税公課	2,000		
Net		−82,000	−3,120	53,880

＊：2,000千円（輸送費）＋80,000千円×0.014（保有に関する租税公課）＝3,120千円

２．賃借案の年々の税引前正味現金流出入額（単位：千円）

		第０期末	第１期末	第２期末
In	敷金の返却			1,800
Out	賃借料		15,000	15,000
	権利金・敷金	4,200		
Net		−4,200	−15,000	−13,200

問２

１．購入案の年々の税引後正味現金流出入額（単位：千円）

		第０期末	第１期末	第２期末
	*3売却損に係る税減少額			900
	*1☆に係る税減少額		1,404	1,404
	*2減価償却費のタックス・シールド		4,725	4,725
	租税公課に係る税減少額	900		
In	処分価値			57,000
Out	現金支出費用（☆）		3,120	3,120
	取得原価	80,000		
	不動産取得に関する租税公課	2,000		
Net		−81,100	3,009	60,909

＊１：3,120千円×45％＝1,404千円

＊２：減価償却費は35,000千円×0.9÷３＝10,500千円
　　10,500千円×45％＝4,725千円

＊３：売却損は2,000千円　よって、2,000千円×45％＝900千円

2．賃借案の年々の税引後正味現金流出入額（単位：千円）

		第0期末	第1期末	第2期末
	*2賃借料に係る税減少額		6,750	6,750
	*1権利金の償却に係る税減少額		540	540
In	敷金の返却			1,800
Out	賃借料		15,000	15,000
	権利金・敷金	4,200		
Net		−4,200	−7,710	−5,910

＊1：権利金償却費は2,400千円÷ 2 ＝1,200千円

1,200千円×45％＝540千円

＊2：15,000千円×45％＝6,750千円

問3

1．購入案の正味現在価値

−81,100千円＋3,009千円×0.9615＋60,909千円×0.9246＝−21,890.3851千円

2．賃借案の正味現在価値

−4,200千円−7,710千円×0.9615−5,910千円×0.9246＝−17,077.551千円

3．結論

−17,077.551千円−(−21,890.3851千円)＝4,812.8341千円

賃借案の方が4,813千円有利である。

問4

1．購入案の年々の税引後正味現金流出入額（単位：千円）

		第1期首	第1期末	第2期末
	*3売却損に係る税減少額			900
	*1☆に係る税減少額		1,404	1,404
	*2減価償却費のタックス・シールド		4,725	4,725
	租税公課に係る税減少額		900	
In	処分価値			57,000
Out	現金支出費用（☆）		3,120	3,120
	取得原価	80,000		
	不動産取得に関する租税公課	2,000		
Net		−82,000	3,909	60,909

問2 との相違は、網掛け部分の取扱いである。第1期首に不動産取得に関する租税公課を支払うため、その税減少の効果は、第1期末に生じることとなる。

2．賃借案の年々の税引後正味現金流出入額（単位：千円）→ **問2** と同じ

問題３－17　キャッシュ・フロー の把握(4)（新規投資４・原価のみ２）

〔解答〕

問１

（単位：千円）

	１年度	２年度	３年度
Ａ 社 設 備	62,500	125,000	93,750
Ｂ 社 設 備	31,250	93,750	62,500

問２

（単位：千円）

	現　在	１年度	２年度	３年度
Ａ 社 設 備	－2,500,000	－52,500	－210,000	685,750
Ｂ 社 設 備	－3,000,000	17,250	－110,250	1,105,500

〔解説〕

問１　Ａ社設備のメンテナンス回数

１年度　20万個÷８万個＝2.5回　∴２回

２年度　(20万個＋30万個)÷８万個－２回＝4.25回　∴４回

３年度　(20万個＋30万個＋25万個)÷８万個－２回－４回＝3.375回　∴３回

Ａ社のメンテナンス費用

１年度　31,250千円/回×２回＝62,500千円

２年度　31,250千円/回×４回＝125,000千円

３年度　31,250千円/回×３回＝93,750千円

Ｂ社設備のメンテナンス回数

１年度　20万個÷12万個≒1.6回　∴１回

２年度　(20万個＋30万個)÷12万個－１回≒3.16回　∴３回

３年度　(20万個＋30万個＋25万個)÷12万個－１回－３回＝2.25回　∴２回

Ｂ社設備のメンテナンス費用

１年度　31,250千円/回×１回＝31,250千円

２年度　31,250千円/回×３回＝93,750千円

３年度　31,250千円/回×２回＝62,500千円

問２

１．Ａ社設備の年々の税引後正味現金流出入額（単位：千円）

		現時点	１年度	２年度	３年度
	☆に係る税減少額		185,000	290,000	237,500
	*2減価償却費のタックス・シールド		225,000	225,000	225,000
In	処分価値				820,000
Out	取得原価	2,500,000			
	*3売却益に係る税増加額				3,000
	*1現金支出費用（☆）		462,500	725,000	593,750
Net		−2,500,000	−52,500	−210,000	685,750

＊１：１年度　２千円×20万個(電力料)＋62,500千円(メンテナンス費)＝462,500千円

２年度　２千円×30万個＋125,000千円＝725,000千円

３年度　２千円×25万個＋93,750千円＝593,750千円

＊２：減価償却費は2,500,000千円×0.9÷４＝562,500千円

562,500千円×40%＝225,000千円

＊３：売却益は7,500千円　よって、7,500千円×40%＝3,000千円

２．Ｂ社設備の年々の税引後正味現金流出入額（単位：千円）

		現時点	１年度	２年度	３年度
	*3売却損に係る税減少額				152,000
	☆に係る税減少額		132,500	217,500	175,000
	*2減価償却費のタックス・シールド		216,000	216,000	216,000
In	処分価値				1,000,000
Out	取得原価	3,000,000			
	*1現金支出費用（☆）		331,250	543,750	437,500
Net		−3,000,000	17,250	−110,250	1,105,500

＊１：１年度　1.5千円×20万個(電力料)＋31,250千円(メンテナンス費)＝331,250千円

２年度　1.5千円×30万個＋93,750千円＝543,750千円

３年度　1.5千円×25万個＋62,500千円＝437,500千円

＊２：減価償却費は3,000,000千円×0.9÷５＝540,000千円

540,000千円×40%＝216,000千円

＊３：売却損は380,000千円　よって、380,000千円×40%＝152,000千円

問題３－18　キャッシュ・フローの把握(5)（取替投資１・新旧設備の生産能力同じ１）

〔解答〕

問１

代替案ごとに求める場合

	現在（第０期末）	１年後（第１期末）	２年後（第２期末）
現有設備案	－30,000千円	0千円	6,000千円
新設備案	－70,000千円	7,000千円	47,000千円

現有設備案を新設備案に含める場合

現在（第０期末）	１年後（第１期末）	２年後（第２期末）
－40,000千円	7,000千円	41,000千円

問２

代替案ごとに求める場合

	現在（第０期末）	１年後（第１期末）	２年後（第２期末）
現有設備案	－29,748千円	5,184千円	11,364千円
新設備案	－70,000千円	9,520千円	51,680千円

現有設備案を新設備案に含める場合

現在（第０期末）	１年後（第１期末）	２年後（第２期末）
－40,252千円	4,336千円	40,316千円

問３

{~~現有設備案~~／新設備案} の方が 1,193千円 有利なので、{~~現有設備案~~／新設備案} を採用すべきである。（不要な語句を二重線で消去しなさい）

問４

現在（第１期首）	１年後（第１期末）	２年後（第２期末）
－40,000千円	4,084千円	40,316千円

〔解説〕

問１

1．現有設備案の年々の税引前正味現金流出入額（単位：千円）

		第０期末	第１期末	第２期末
In	処分価値			6,000
Out	*現有設備売却の機会原価	30,000		
Net		−30,000	0	6,000

＊：現有設備を売却しなかったことによって、売却していたならば得られたであろう現金収入（30,000千円の処分価値）を得る機会を逸したため、現金支出として把握する。

2．新設備案の年々の税引前正味現金流出入額（単位：千円）

		第０期末	第１期末	第２期末
	処分価値			40,000
In	節約される現金支出費用		7,000	7,000
Out	取得原価	70,000		
Net		−70,000	7,000	47,000

3．現有設備案を新設備案に含める方法での年々の税引前正味現金流出入額（単位：千円）

		第０期末	第１期末	第２期末
	*現有設備売却の機会原価	30,000		
	新設備の処分価値			40,000
In	節約される現金支出費用		7,000	7,000
Out	取得原価	70,000		
	現有設備の処分価値（機会原価）			6,000
Net		−40,000	7,000	41,000

問２

１．現有設備案の年々の税引後正味現金流出入額（単位：千円）

		第０期末	第１期末	第２期末
	*3売却損に係る税減少額			180
	*2減価償却費のタックス・シールド		5,184	5,184
	*1売却益が発生しないことに係る税額増加の防止	252		
In	処分価値			6,000
Out	*現有設備売却の機会原価	30,000		
Net		−29,748	5,184	11,364

＊１：現有設備を売却しなかったことによって、売却していたならば発生していたであろう売却益560千円が生じなかった。よって、法人税の支払いが252千円（＝560千円×0.45）増加するのが防げたため、現金収入として把握する。

＊２：減価償却費は64,000千円×0.9÷５年＝11,520千円
11,520千円×45％＝5,184千円

＊３：売却損は400千円　よって、400千円×45％＝180千円

２．新設備案の年々の税引後正味現金流出入額（単位：千円）

		第０期末	第１期末	第２期末
	*2売却損に係る税減少額			2,160
	*1減価償却費のタックス・シールド		5,670	5,670
	節約される現金支出費用（☆）		7,000	7,000
In	処分価値			40,000
Out	新設備の購入原価	70,000		
	☆に係る税増加額		3,150	3,150
Net		−70,000	9,520	51,680

＊１：減価償却費は70,000千円×0.9÷５年＝12,600千円
12,600千円×45％＝5,670千円

＊２：売却損は4,800千円　よって、4,800千円×45％＝2,160千円

3．現有設備案を新設備案に含める方法での年々の税引後正味現金流出入額

（単位：千円）

		第0期末	第1期末	第2期末
	[*]現有設備売却の機会原価	30,000		
	[*2]売却損に係る税減少額			2,160
	[*1]減価償却費のタックス・シールド		5,670	5,670
	節約される現金支出費用（☆）		7,000	7,000
In	新設備の処分価値			40,000
Out	新設備の購入原価	70,000		
	☆に係る税増加額		3,150	3,150
	現有設備の処分価値			6,000
	[*3]売却損に係る税減少額			180
	[*2]減価償却費のタックス・シールド		5,184	5,184
	[*1]売却益が発生することに係る税額増加	252		
Net		−40,252	4,336	40,316

細枠内：新設備に係わるキャッシュ・フロー

太枠内：現有設備に係わるキャッシュ・フロー

問3

1．年々の税引後正味現金流出入額を代替案ごとに把握した場合

(1)　現有設備案の正味現在価値

−29,748千円＋5,184千円×0.9615＋11,364千円×0.9246＝−14,256.4296千円

(2)　新設備案の正味現在価値

−70,000千円＋9,520千円×0.9615＋51,680千円×0.9246＝−13,063.192千円

(3)　結論

−13,063.192千円−（−14,256.4296千円）＝1,193.2376千円

新設備案の方が1,193千円有利である。

2．年々の税引後正味現金流出入額を現有設備案を新設備案に含める方法で把握した場合

(1)　正味現在価値

−40,252千円＋4,336千円×0.9615＋40,316千円×0.9246＝1,193.2376千円

(2)　結論

新設備案の方が1,193千円有利である。

問４

年々の税引後正味現金流出入額（単位：千円）

		第１期首	第１期末	第２期末
	*現有設備売却の機会原価	30,000		
	*2売却損に係る税減少額			2,160
	*1減価償却費のタックス・シールド		5,670	5,670
	節約される現金支出費用（☆）		7,000	7,000
In	新設備の処分価値			40,000
Out	新設備の購入原価	70,000		
	☆に係る税増加額		3,150	3,150
	現有設備の処分価値			6,000
	*3売却損に係る税減少額			180
	*2減価償却費のタックス・シールド		5,184	5,184
	*1売却益が発生することに係る税額増加		252	
Net		−40,000	4,084	40,316

問２との相違は、網掛け部分の取扱いである。第１期首に売却益を認識する機会を失ったため、その税額増加防止の効果は、第１期末に生じることとなる。

問題３－19　キャッシュ・フローの把握(6)（取替投資２・新旧設備の生産能力同じ２）

〔解答〕

（A案の正味現在価値）　（B案の正味現在価値）　（正味現在価値の差額）

－684.1千円	－	－2,339千円	＝	1,654.9千円

したがって、現有設備を新設備に取り替えるべきで（ ~~ある~~ ・ ない ）。

〔解説〕

１．A案（現有設備案）の年々の税引後正味現金流出入額（単位：千円）

		現時点	１年後	２年後	３年後
	*4売却損に係る税節約額				0
	処分価値（残存価額で売却と考える）				1,000
In	*3減価償却費のタックス・シールド		900	900	900
Out	*2売却損が発生しないことに係る税額減少の機会の逸失		2,500		
	*1現有設備売却の機会原価	1,400			
Net		－1,400	－1,600	900	1,900

＊１：現有設備を売却しなかったことによって、売却していたならば得られたであろう現金収入（1,400千円の売却価額）を得る機会を逸したため、現金支出として把握する。

＊２：現時点（会計期首）において現有設備を売却しなかったことによって、売却していたならば生じていたであろう売却損（6,400千円－1,400千円＝5,000千円）が生じなかった。つまり、現有設備を保有し続けることによって、１年後（会計期末）に法人税の支払いを2,500千円（＝5,000千円×0.5）節約する機会を逸したため、現金支出として把握する。

＊３：減価償却費は（6,400千円－1,000千円）÷３＝1,800千円
よって、この減価償却費による法人税節約額は900千円（＝1,800千円×0.5）である。

＊４：現有設備を保有し続けた場合、３年後の売却損益は０である。そのため、法人税の支払額に影響を与えない。

2．B案（新設備案）の年々の税引後正味現金流出入額（単位：千円）

		現時点	1年後	2年後	3年後
	*3 売却損に係る税節約額				0
	処分価値（残存価額で売却と考える）				2,000
	*2 減価償却費のタックス・シールド		3,000	3,000	3,000
In	節約される現金支出費用（☆）		7,000	7,000	7,000
Out	*1 ☆に係る税増加額		3,500	3,500	3,500
	取得原価	20,000			
Net		−20,000	6,500	6,500	8,500

＊1：7,000千円×0.5＝3,500千円

＊2：減価償却費は（20,000千円−2,000千円）÷3＝6,000千円

　　よって、6,000千円×0.5＝3,000千円

＊3：新設備に取り替えた場合、3年後の売却損益は0である。そのため、法人税の支払額に影響を与えない。

3．正味現在価値

(1)　A案（現有設備案）の正味現在価値

−1,400千円−1,600千円×0.909＋900千円×0.826＋1,900千円×0.751

＝−684.1千円

(2)　B案（新設備案）の正味現在価値

−20,000千円＋6,500千円×0.909＋6,500千円×0.826＋8,500千円×0.751

＝−2,339千円

(3)　結論

−684.1千円−（−2,339千円）＝1,654.9千円

A案（現有設備案）の方が1,654.9千円有利である。

問題3－20　キャッシュ・フロ－の把握(7)（運転資本の増減変化）

〔解答〕

年々の正味運転資本のキャッシュ・フロー（単位：百万円）

現時点	1年目	2年目	3年目	4年目	5年目
－260	－20	72	64	36	108

（注）キャッシュ・アウトフローについては、マイナス符号で示すこと。

〔解説〕

正味運転資本に関する年々のキャッシュ・フロー（単位：百万円）

	現時点	1年後	2年後	3年後	4年後	5年後
IN		260	280	208	144	108
OUT	＊1 260	＊2 280	＊3 208	＊4 144	＊5 108	
NET	－260	－20	72	64	36	108

＊１：現時点：250万円/ｔ×1,300ｔ＝3,250百万円（１年目の変動益）
　　　3,250百万円×(10％＋４％－６％)＝260百万円

＊２：１年後：250万円/ｔ×1,400ｔ＝3,500百万円（２年目の変動益）
　　　3,500百万円×(10％＋４％－６％)＝280百万円

＊３：２年後：200万円/ｔ×1,300ｔ＝2,600百万円（３年目の変動益）
　　　2,600百万円×(10％＋４％－６％)＝208百万円

＊４：３年後：180万円/ｔ×1,000ｔ＝1,800百万円（４年目の変動益）
　　　1,800百万円×(10％＋４％－６％)＝144百万円

＊５：４年後：150万円/ｔ×900ｔ＝1,350百万円（５年目の変動益）
　　　1,350百万円×(10％＋４％－６％)＝108百万円

問題３－21　不確実性下の意思決定

〔解答〕

問１

１年目	２年目	３年目
1,640万円	1,860万円	1,750万円

問２

341.37万円

〔解説〕

問１

年々のキャッシュ・フローの期待値

(1)　１年目

2,000万円×0.4＋1,400万円×0.6＝1,640万円

(2)　２年目

2,400万円×0.4＋1,500万円×0.6＝1,860万円

(3)　３年目

2,200万円×0.5＋1,300万円×0.5＝1,750万円

問２

１．年々のキャッシュ・フローの期待値（単位：万円）

	現時点	１年目	２年目	３年目
IN		1,640	1,860	1,750
OUT	*4,000			
NET	－4,000	1,640	1,860	1,750

＊：設備投資額

２．正味現在価値

－4,000万円＋1,640万円×0.909＋1,860万円×0.826＋1,750万円×0.751

＝341.37万円

３．新規プロジェクトの採用可否にかかる意思決定

正味現在価値がプラスであるため、プロジェクトを採用すべきである。

第4章　標準原価計算

問題4－1　仕掛品勘定の記帳と原価差異分析

〔解答〕

問1

仕掛品　（単位：円）

借方	金額	貸方	金額
前期繰越	1,462,400	製品	14,304,000
素畜費	520,000	原価差異	—
賃金	5,313,600	次期繰越	1,848,000
製造間接費	8,856,000		
	16,152,000		16,152,000

仕掛品勘定で把握される原価差異

価格差異	数量差異
— 円	— 円

賃率差異	作業時間差異
— 円	— 円

予算差異	操業度差異	能率差異
— 円	— 円	— 円

問2

仕掛品　（単位：円）

借方	金額	貸方	金額
前期繰越	1,462,400	製品	14,304,000
素畜費	520,000	原価差異	1,215,400
賃金	5,370,000	次期繰越	1,848,000
製造間接費	10,015,000		
	17,367,400		17,367,400

仕掛品勘定で把握される原価差異

価格差異	数量差異
— 円	0円

賃率差異	作業時間差異
— 円	△56,400円

予算差異	操業度差異	能率差異
△15,000円	△1,050,000円	△94,000円

問3

仕　掛　品　（単位：円）

借方	金額	貸方	金額
前期繰越	1,462,400	製品	14,304,000
素畜費	546,000	原価差異	1,286,150
賃金	5,414,750	次期繰越	1,848,000
製造間接費	10,015,000		
	17,438,150		17,438,150

仕掛品勘定で把握される原価差異

価格差異	数量差異
△26,000円	0円

賃率差異	作業時間差異
△44,750円	△56,400円

予算差異	操業度差異	能率差異
△15,000円	△1,050,000円	△94,000円

〔解説〕

1．原価差異の算定

(1)　直接材料費差異の算定

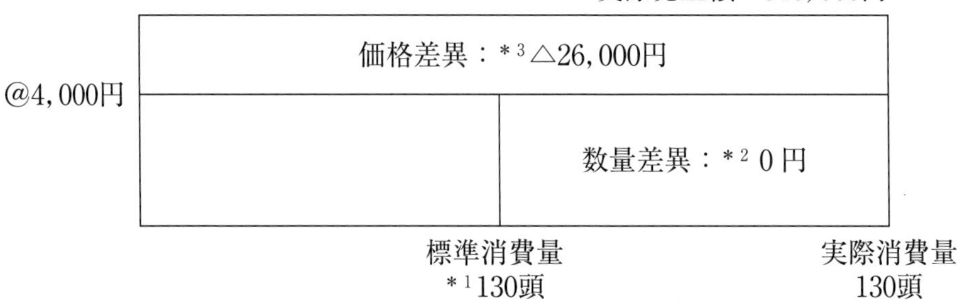

＊１：130頭×１頭＝130頭

＊２：4,000円/頭×(130頭－130頭)＝０円（－差異）

＊３：4,000円/頭×130頭－546,000円＝△26,000円（不利差異）

(2)　直接労務費差異の算定

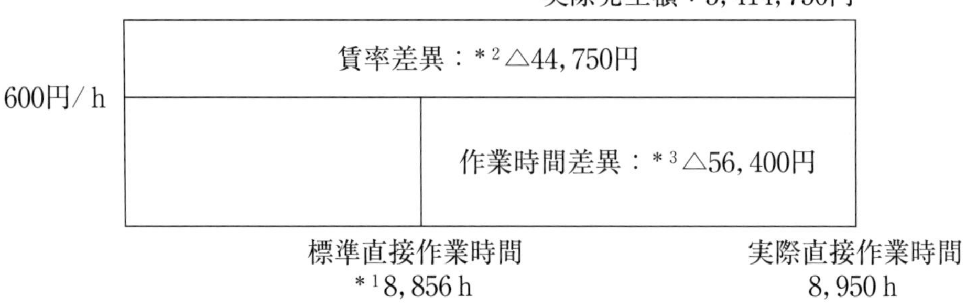

＊１：120頭×180日＋30頭×90日－20頭×108日＝22,140日

22,140日×0.4ｈ/日＝8,856ｈ

＊２：600円/ｈ×8,950ｈ－5,414,750円＝△44,750円（不利差異）

＊３：600円/ｈ×(8,856ｈ－8,950ｈ)＝△56,400円（不利差異）

(3)　製造間接費差異の算定

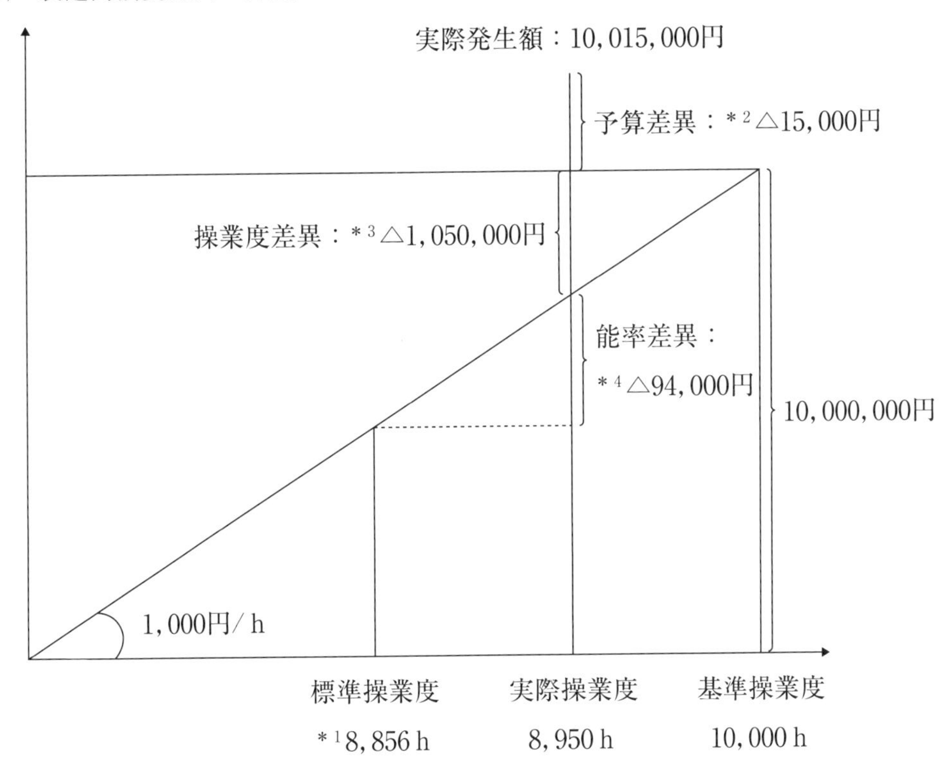

＊１：直接作業時間と同じ

＊２：10,000,000円－10,015,000円＝△15,000円（不利差異）

＊３：1,000円／h ×(8,950 h －10,000 h)＝△1,050,000円（不利差異）

＊４：1,000円／h ×(8,856 h －8,950 h)＝△94,000円（不利差異）

問１

１．仕掛品勘定の作成

仕　掛　品　（単位：円）

借方	金額	貸方	金額
前期繰越	1,462,400	製品	14,304,000
素畜費	520,000	原価差異	―
賃金	5,313,600	次期繰越	1,848,000
製造間接費	8,856,000		
	16,152,000		16,152,000

前期繰越：4,000円/頭×20頭＋(600円/ h ＋1,000円/ h)×20頭×108日×0.4 h

＝1,462,400円

製品：119,200円/頭×120頭＝14,304,000円

次期繰越：4,000円/頭×30頭＋(600円/ h ＋1,000円/ h)×30頭×90日×0.4 h

＝1,848,000円

２．仕掛品勘定で把握される原価差異

シングル・プランは標準単価に標準消費量を乗じた金額が仕掛品勘定の借方に記帳される。よって、仕掛品勘定では原価差異が把握されず、各原価要素で把握される。

問２

１．仕掛品勘定の作成

仕　掛　品　（単位：円）

借方	金額	貸方	金額
前期繰越	1,462,400	製品	14,304,000
素畜費	*1 520,000	原価差異	1,215,400
賃金	*2 5,370,000	次期繰越	1,848,000
製造間接費	*3 10,015,000		
	17,367,400		17,367,400

＊１：4,000円/頭×130頭＝520,000円

＊２：600円/ｈ×8,950ｈ＝5,370,000円

＊３：実際発生額

２．仕掛品勘定で把握される原価差異

修正パーシャル・プランは直接費については標準単価に実際消費量を乗じた金額が仕掛品勘定の借方に記帳される。また、問題文の指示により、製造間接費は実際発生額が仕掛品勘定の借方に記帳される。よって、仕掛品勘定では数量差異、作業時間差異、予算差異、操業度差異、能率差異が把握される。

問３

１．仕掛品勘定の作成

仕　掛　品　（単位：円）

借方	金額	貸方	金額
前期繰越	1,462,400	製品	14,304,000
素畜費	*546,000	原価差異	1,286,150
賃金	*5,414,750	次期繰越	1,848,000
製造間接費	*10,015,000		
	17,438,150		17,438,150

＊：実際発生額

２．仕掛品勘定で把握される原価差異

パーシャル・プランは各原価要素の実際発生額が仕掛品勘定の借方に記帳される。よって、すべての原価差異が仕掛品勘定で把握される。

問題４－２　製造間接費差異分析（各種予算の比較）

〔解答〕

問１

管理可能差異	管理不能差異
△23,300円	△23,200円

問２

予算差異	変動費能率差異	固定費能率差異	操業度差異
△19,500円	△3,800円	△7,600円	△15,600円

問３

予算差異	能率差異	操業度差異
△19,500円	△11,400円	△15,600円

問４

予算差異	能率差異	操業度差異
△19,500円	△3,800円	△23,200円

〔解説〕

１．標準操業度の算定

95頭×180日＋５頭×144日－10頭×90日＝16,920日（当期の飼育日数）

16,920日×0.2ｈ＝3,384ｈ

２．公式法変動予算による各差異の算定

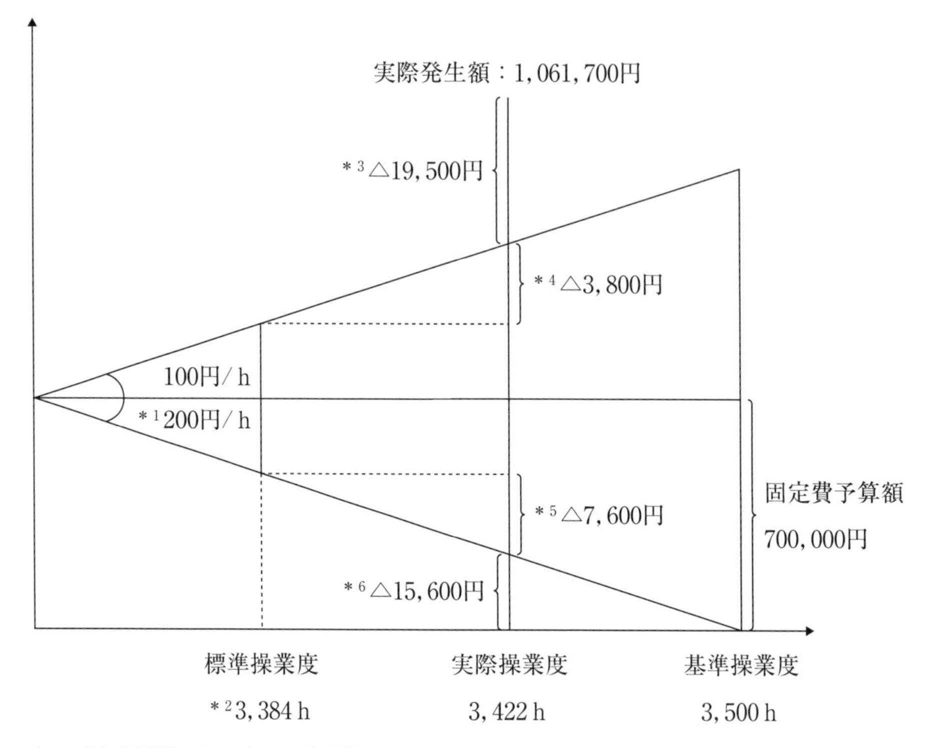

＊１：700,000円÷3,500 h ＝200円/ h

＊２：上記１より

＊３：(100円/ h ×3,422 h ＋700,000円)－1,061,700円＝△19,500円（不利差異）

＊４：100円/ h ×(3,384 h －3,422 h)＝△3,800円（不利差異）

＊５：200円/ h ×(3,384 h －3,422 h)＝△7,600円（不利差異）

＊６：200円/ h ×(3,422 h －3,500 h)＝△15,600円（不利差異）

問１

管理可能差異：△19,500円＋△3,800円＝△23,300円（不利差異）

管理不能差異：△7,600円＋△15,600円＝△23,200円（不利差異）

問２

予算差異：△19,500円（不利差異）（**問３** **問４** も同様）

変動費能率差異：△3,800円（不利差異）

固定費能率差異：△7,600円（不利差異）

操業度差異：△15,600円（不利差異）

問３

能率差異：△3,800円＋△7,600円＝△11,400円（不利差異）

操業度差異：△15,600円（不利差異）

問４

能率差異：△3,800円（不利差異）

操業度差異：△7,600円＋△15,600円＝△23,200円（不利差異）

第５章　活動基準原価計算

問題５－１　活動基準原価計算（ＡＢＣ）①（製造業におけるＡＢＣ）

〔解答〕

問１

製品P_1	製品P_2
4,500円/個	4,400円/個

問２

製品P_1	製品P_2
4,095円/個	6,020円/個

〔解説〕

問１

１．製造間接費配賦率

1,920,000円÷(1.0時間/個×800個＋0.8時間/個×200個)＝2,000円/時間

２．製品単位原価

製品P_1：1,500円/個＋(1,000円/時＋2,000円/時)×1.0時間/個＝4,500円/個

製品P_2：2,000円/個＋(1,000円/時＋2,000円/時)×0.8時間/個＝4,400円/個

問２

１．製造間接費配賦計算

(1)　機械作業活動

配 賦 率：1,120,000円÷(1,200時間＋400時間)＝@700円

製品P_1：@700円×1,200時間＝840,000円

製品P_2：@700円×400時間＝280,000円

(2)　段取活動

配 賦 率：70,000円÷(20時間＋50時間)＝@1,000円

製品P_1：@1,000円×20時間＝20,000円

製品P_2：@1,000円×50時間＝50,000円

(3)　保管活動

配 賦 率：400,000円÷(1,200,000円＋400,000円)＝@0.25

製品P_1：@0.25×1,200,000円＝300,000円

製品P_2：@0.25×400,000円＝100,000円

(4)　設計活動

配 賦 率：126,000円÷(50時間＋90時間)＝@900円

製品P_1：@900円×50時間＝45,000円

製品P_2：@900円×90時間＝81,000円

(5)　品質保証活動

配 賦 率：124,000円÷(10回＋30回)＝@3,100円

製品P_1：@3,100円×10回＝31,000円

製品P_2：@3,100円×30回＝93,000円

(6)　マテハン活動

配 賦 率：80,000円÷(20回＋20回)＝@2,000円

製品P_1：@2,000円×20回＝40,000円

製品P_2：@2,000円×20回＝40,000円

2．製品単位原価

製品P_1：1,500円/個＋1,000円/時×1.0時間/個＋(840,000円＋20,000円＋300,000円＋45,000円＋31,000円＋40,000円)÷800個＝4,095円/個

製品P_2：2,000円/個＋1,000円/時×0.8時間/個＋(280,000円＋50,000円＋100,000円＋81,000円＋93,000円＋40,000円)÷200個＝6,020円/個

問題5－2　活動基準原価計算（ＡＢＣ）②（農企業におけるＡＢＣ）

〔解答〕

ジャガイモ	300,100円
タマネギ	319,600円
ニンジン	727,000円

〔解説〕

1．準備活動

33,600円÷(3時間＋2時間＋1時間)＝5,600円/時間

2．堆肥散布・耕起活動

672,000円÷(10時間＋8時間＋24時間)＝16,000円/時間

3．播種活動

133,000円÷(10kg＋5kg＋4kg)＝7,000円/kg

4．防除活動

112,500円÷(3時間＋12時間＋30時間)＝2,500円/時間

5．収穫活動

21,600円÷(1時間＋3時間＋8時間)＝1,800円/時間

6．輸送活動

374,000円÷(2回＋5回＋10回)＝22,000円/回

＜各農産物への配賦額の計算＞

	ジャガイモ	タマネギ	ニンジン
準備活動	16,800	11,200	5,600
堆肥散布・耕起活動	160,000	128,000	384,000
播種活動	70,000	35,000	28,000
防除活動	7,500	30,000	75,000
収穫活動	1,800	5,400	14,400
輸送活動	44,000	110,000	220,000
合　計	300,100	319,600	727,000

おわりに

この本を出版するにあたり、関係者の皆様の御支援、御協力に感謝申し上げます。

本書は、学校法人大原簿記学校講師の野島一彦氏、保田順慶氏と、当協会会長で税理士の森剛一、当協会会員で税理士の西山由美子とが、商業簿記・工業簿記を基礎に構築されている現行の会計理論を農業の現場で具体的かつ実用的に適用することを目標に、時間をかけて議論を重ねて執筆されたものです。また、京都大学大学院農学研究科教授（当時）小田滋晃先生には、学術的な観点からのご指摘・ご指導を仰ぎ、多大なる御協力をいただきました。

本書の出版が、学校法人大原簿記学校及び大原出版株式会社の多大なる御支援、御協力によって実現できましたことを厚く御礼申し上げます。この「農業簿記教科書１級」を多くの農業関係者に学習していただくことで、農企業の高度な計数管理を実現し、今後の日本の農業の発展に寄与することを願ってやみません。

2022年９月

一般社団法人 全国農業経営コンサルタント協会

本書のお問い合わせ先

一般社団法人 全国農業経営コンサルタント協会 事務局
〒102-0084
東京都千代田区二番町９－８　中労基協ビル１F
Tel 03-6673-4771　　Fax 03-6673-4841
E-mail：inf@agri-consul.jp
ＨＰ：http://www.agri-consul.jp/

農業簿記検定問題集　１級（管理会計編）第２版

■発行年月日　2015年９月５日　初 版 発 行
　　　　　　　2022年９月１日　２版２刷発行
■著　　　者　一般社団法人 全国農業経営コンサルタント協会
　　　　　　　学校法人 大原学園大原簿記学校
■発　行　所　大原出版株式会社
　　　　　　　〒101-0065
　　　　　　　東京都千代田区西神田1-2-10
　　　　　　　TEL　03-3292-6654
■印刷・製本　株式会社　メディオ

落丁本、乱丁本はお取り替えいたします。定価は表紙に表示してあります。
ISBN978-4-86486-732-0 C1034